江西理工大学优秀学术著作出版基金资助

离子型稀土矿区土壤
重金属铅污染特性及修复

刘祖文　杨士　蔺亚青　胡方洁　张军　著

北　京
冶金工业出版社
2020

内 容 提 要

本书主要内容包括离子型稀土矿区重金属污染来源、危害、重金属污染相关特性的研究现状及其影响因素；针对矿区重金属污染情况进行了调查与风险评价；土壤理化性质的分析测定及相关研究方法；离子型稀土矿区土壤中铅的吸附-解吸特性；铅与多元重金属离子在土壤中的竞争特性；稀土矿区农田土壤中铅老化过程及形态转化规律；淋溶条件下矿区农田土壤中铅的析出特性。本书还介绍了稀土矿区重金属铅污染特性评价及土壤修复。

本书可供环境工程、矿业工程等相关领域的科研人员、高校师生及相关技术人员阅读参考。

图书在版编目(CIP)数据

离子型稀土矿区土壤重金属铅污染特性及修复/刘祖文等著. —北京：冶金工业出版社，2020.4
ISBN 978-7-5024-8438-5

Ⅰ.①离…　Ⅱ.①刘…　Ⅲ.①稀土元素矿床—矿区—土壤污染—铅污染—研究　Ⅳ.①X75　②X53

中国版本图书馆 CIP 数据核字(2020)第 027483 号

出 版 人　陈玉千
地　　址　北京市东城区嵩祝院北巷 39 号　邮编　100009　电话　(010)64027926
网　　址　www.cnmip.com.cn　电子信箱　yjcbs@cnmip.com.cn
责任编辑　徐银河　美术编辑　郑小利　版式设计　禹　蕊
责任校对　石　静　责任印制　李玉山
ISBN 978-7-5024-8438-5
冶金工业出版社出版发行；各地新华书店经销；三河市双峰印刷装订有限公司印刷
2020 年 4 月第 1 版，2020 年 4 月第 1 次印刷
169mm×239mm；8.25 印张；159 千字；122 页
88.00 元
冶金工业出版社　投稿电话　(010)64027932　投稿信箱　tougao@cnmip.com.cn
冶金工业出版社营销中心　电话　(010)64044283　传真　(010)64027893
冶金工业出版社天猫旗舰店　yjgycbs.tmall.com
(本书如有印装质量问题，本社营销中心负责退换)

前　言

　　稀土元素由15种镧系元素与两种化学性质极为相似的钪和钇共17种元素组成，根据其相对原子质量的大小及化学性质上的微小差异，一般将其分为轻、中、重稀土三类。稀土元素被誉为"工业的维生素"，具有无法取代的优异磁、光、电性能，对改善产品性能、增加产品品种、提高生产效率起到了巨大的作用。由于稀土作用大、用量少，已成为改进产品结构、提高科技含量、促进行业技术进步的重要元素，被广泛应用到了冶金、军事、石油化工、玻璃陶瓷、农业和新材料等相关领域。

　　离子型稀土属于国家战略资源，江西省赣州市是南方离子型稀土矿主产地，拥有丰富的离子型稀土资源，占全国稀土储量50%以上，其中以中、重稀土为主。离子型稀土矿伴生铅、镉等典型重金属，现阶段离子型稀土提取工艺，会导致其伴生典型重金属在浸矿剂硫酸铵的饱和作用下，与稀土、浸矿剂、氮化物等物质，在复杂多因素下发生系列络合反应，生成重金属交换态、铵盐或碳酸盐结合态、氧化结合态、有机结合态等一系列络合产物等，随液流渗入矿区土壤和周边流域，导致矿区土壤和周边流域出现氨氮超标、重金属及其络合产物污染等现象，造成了矿区周边土壤和流域出现严重环境污染问题。

　　作者利用稀土领域学科和地缘优势，长期从事离子型稀土矿区土壤及其周边流域含氮化物、重金属等污染物迁移转化规律等方面的研究，形成了自身的研究特色，并指导多名硕士研究生开展系列研究，已取得了一些研究成果。该书选取离子型稀土矿区典型重金属污染物铅为研究对象，通过开展离子型稀土矿区土壤铅污染相关特性研究，并探讨相关重金属修复技术与原理，以期对解决离子型稀土矿区土壤重金属污染问题，为实现南方离子型稀土高效提取和矿区土壤、周边流域生态保护与可持续性发展，提供研究成果和技术参考。

　　全书共分为8章，第1章主要介绍了离子型稀土矿区重金属污染来源、危害、重金属吸附解吸相关特性的研究现状及其影响因素；第2

章概述了江西省赣州市龙南县足洞稀土矿区的基本概况，针对矿区重金属污染情况进行了调查与风险评价；第 3 章主要介绍了土壤理化性质的分析测定及相关研究方法；第 4 章主要介绍了离子型稀土矿区土壤中铅的吸附-解吸特性；第 5 章主要介绍了铅与多元重金属离子在土壤中的竞争特性；第 6 章主要介绍了稀土矿区农田土壤中铅老化过程及形态转化规律；第 7 章主要介绍淋溶条件下矿区农田土壤中铅的析出特性；第 8 章主要介绍了稀土矿区重金属铅污染特性评价及土壤修复。

本书研究内容涉及的课题均得到了国家自然科学基金项目（51464014）的资助，主要工作依托"江西省环境岩土与灾害控制重点实验室"和"江西省环境污染与控制重点实验室"开展。研究工作还得到了南方稀土集团龙南县足洞矿区领导和相关工作人员，以及江西理工大学市政工程系、环境工程系各位老师和有关专家的悉心指导与帮助，在此一并表示衷心的感谢。

在本书涉及项目和实验开展实施过程中，作者的多名硕士研究生参与了试验与理论研究工作。其中，张军参与了第 2 章和第 6 章编写工作；蔺亚青参与了第 4 章和第 5 章的编写工作；胡方洁参与了第 7 章编写工作，他们攻读硕士期间的部分成果也反映到了本书的相关章节内容中，还有杨士、杨秀英、卢陈彬也参与了其中部分编写工作，最后作者对各章内容进行完善和整体的校稿。在此期间大家付出了辛勤的汗水，由于大家的共同不懈努力，本书才得以成型，在此一并致以由衷的敬意和诚挚的谢意。

本书由江西理工大学优秀学术著作出版基金资助出版，在此对江西理工大学在各方面提供的支持和帮助表示感谢。

由于离子型稀土矿区土壤中伴生的重金属较多，其特性和影响因素多，在复杂环境下其迁移转化规律过程复杂多变，书稿中部分研究内容还不够深入，相关成果还不够系统，还有部分机理研究和生态修复技术研究内容还在持续深入进行中，囿于学术水平，书中难免存在不妥之处，敬请各位同仁给予批评指正。

作　者
2019 年 10 月

目　录

1 绪 论

1.1 概述

土壤是人类生态环境的重要组成部分，也是人类赖以生存的物质基础。近年来，随着社会经济的快速发展，导致土壤污染现状日益严峻。2014 年《全国土壤污染状况调查公报》结果显示[1]，我国目前有 16.1% 的土壤环境受到污染，其中轻微污染的比例为 11.2%，轻度、中度以上分别为 2.3%、2.6%。在调查的 70 个矿区的 1672 个土壤点位中，超标点位占 33.4%，主要污染物为 Cd、Pb等。重金属对土壤和水体污染已经影响生态环境安全，部分受污染区域已纳入国家和省市"十三五"治理和修复范畴。《国家中长期科学和技术发展规划纲要（2006-2020 年）》中把环境和安全确定为重点研究领域。《"十三五"生态环境保护规划》提出加大重金属污染防治力度，强化重点工矿企业的重金属污染物排放及周边环境中的重金属监测，加强环境风险隐患排查，探索建立区域和流域重金属污染治理与风险防控的技术和管理体系。

此前，国家相关部门出台了一系列的环境保护标准，旨在为全国各地开展土壤环境调查、风险评估及修复治理提供技术指导及相关政策支持，为推进土壤和地下水污染与防治法律法规体系建设提供基础支撑。2016 年国家制定实施《土壤污染防治行动计划》又被称为"土十条"，是国家推进生态文明建设，坚决向污染宣战的一项重大举措，是系统开展污染治理的重要战略部署，对确保生态环境质量改善、各类自然生态系统安全稳定具有重要作用。要求到 2020 年，全国土壤污染加重趋势得到初步遏制，土壤环境质量总体保持稳定，农用地和建设用地土壤环境安全得到基本保障，土壤环境风险得到基本管控。到 2030 年，全国土壤环境质量稳中向好，农用地和建设用地土壤环境安全得到有效保障，土壤环境风险得到全面管控。到 21 世纪中叶，土壤环境质量全面改善，生态系统实现良性循环。到 2020 年受污染耕地安全利用率达到 90% 左右，污染地块安全利用率达到 90% 以上。到 2030 年，受污染耕地安全利用率达到 95% 以上，污染地块安全利用率达到 95% 以上[2]。

离子型稀土矿主要分布于我国江西、福建、广东、云南、湖南、广西等省（区），目前发现矿床 214 个，其中江西赣南地区所占比例最大[3]。由于其独特的物理化学性质，稀土被广泛应用于各领域，尤其在航天、新材料等"高精尖"

产业领域发挥着重要的作用[4~6]。离子型稀土以离子相赋存于土壤矿物环境中，故其开采方式采用电解质溶液交换浸出，目前普遍采用硫酸铵作为浸矿剂[7]。研究表明，南方离子型稀土矿伴生有 Cd、Tl、Pb 等重金属[8,9]。开采过程中伴生的重金属在浸矿剂的饱和作用下，发生类活化反应，在水力、化学扰动下，随浸矿母液迁移，释放至水体、土壤环境中，导致矿区周边水体、土壤环境重金属富集，影响生态环境[10]。

国家出台的《重金属污染综合防治"十二五"规划》已经将江西等 14 个省区纳入"十二五"重金属重点治理省区，要求重点区域的这类污染物排放量比 2007 年减少 15%[11]。目前关于重金属与氰化物的复合污染主要研究领域集中在一般农田土壤方面，研究成果也主要集中在促进农作物生产方面。而专门针对南方离子型稀土矿区土壤介质典型重金属污染方面研究不多，因此，针对南方离子型稀土矿区土壤和周边水体含铅等典型重金属污染现状，开展含铅等典型重金属的活化机理分析与迁移机理和转化规律研究，为进一步降低稀土矿区土壤介质典型重金属及其耦合产物污染，减少其对环境危害，修复受重金属污染的土壤与水体流域，奠定一定理论技术依据，具有重要理论和现实意义。

1.2 稀土矿区重金属污染来源及危害

1.2.1 重金属污染的来源

近年来，对稀土矿区重金属污染的广泛研究[10,12,13]，表明稀土矿区重金属污染的来源主要有：

（1）废弃尾矿矿山。任意堆放的尾矿渣、生产废液中含有的大量重金属经过长期的降雨、日晒等环境作用过程，极易导致重金属向周边土壤中迁移[14,15]。刘胜洪等人[16]以广东省某稀土矿区为研究对象，调查结果显示，Zn、Pb、Mn 均有不同程度的污染，其中 Pb 含量高于中国土壤环境背景值，为（532.6±80.2）mg/kg。滕达等人[17]以某稀土尾矿区域为研究对象，对其土壤环境重金属污染现状进行普查，结果表明，Pb、Zn 污染现状较为严重，其含量范围分别为 1193~5077mg/kg、38~239mg/kg。许亚夫等人[18]对定南县某离子型稀土矿尾矿区土壤环境重金属污染程度进行调查，Pb、Cu 污染现状均较为严重。张静等人[19]对北方某稀土矿山尾矿库周边区域土壤重金属污染现状进行调查，结果显示土壤环境中及植物体内 Pb、Zn、Cd 含量均较高，且 Pb 含量超过了儿童健康的危害值。罗海霞等人[20]运用环境污染指数法，对川南某稀土矿区土壤重金属污染程度的评价表明，Pb、Cd、Hg 等重金属污染程度已达到重度污染范围。

（2）稀土矿淋出液。当稀土浸矿剂硫酸铵过量时，硫酸铵与金属离子交换导致水体中金属离子超标[21]。稀土矿淋出液中除含有主要杂质离子 Al^{3+} 之外，还含有多种重金属离子。任意堆积的尾矿和残渣中含有大量与矿物伴生的重金属元素，其中如 Pb、Zn、Cd 等重金属的化学形态及迁移能力与其水环境中 NH_4^+ 的活度及它们各自的氨配合离子稳定常数密切相关，NH_4^+ 的大量存在使 Pb、Zn、Cd 容易产生再生污染[13]。

（3）低纯度的硫酸铵。有的企业长期以来以小规模盗采为主，使用的浸提剂为廉价低纯度的硫酸铵，浸提剂内可能含有一定量的重金属[22]。硫酸铵在酸性条件下对不同重金属提取能力不一，造成不同重金属发生不同程度的迁移，这是造成稀土矿区废弃地重金属污染的原因之一。稀土矿区废弃地残留的重金属硫酸盐在雨水冲刷下易发生迁移，这也是造成矿区废弃地重金属污染的原因[13]。

1.2.2 重金属污染的危害

土壤重金属具有隐蔽性、难降解性高、移动性小等特点，通过大气、水体、食物链等途径对动物、植物、人体造成不同程度的危害[23~25]。

（1）重金属对土壤的危害。重金属进入土壤后长期滞留在土壤中，含量明显升高、土壤质量恶化、生态环境遭到破坏，重金属对土壤的污染基本上是不可逆转的过程[26]。Pb 是土壤污染中常见的重金属元素，Pb 的存在形态大致可分为水溶性和非水溶性两大类，其中水溶性 Pb 能被作物吸收，而非水溶性 Pb 不易被作物吸收，被固定的 Pb 在改变环境因素时又能被活化为交换态[27]。

（2）重金属对植物的危害。土壤受重金属污染后，不仅影响土壤养分的转化，而且影响植物的生长发育。重金属严重影响植物的生理活动，比如重金属对膜透性的破坏、光合作用及呼吸作用受阻、重金属危害植物细胞的遗传等方面。重金属因浓度、毒性的不同对植物种子的影响程度是不同的[28~32]，详见表 1-1。

表 1-1 重金属对植物的影响[12]

重金属类型	生长必需元素	对植物的影响
Cd	非必需	破坏叶片的叶绿素结构、降低光合作用、产生褪绿的现象，影响植物生长、发育和繁殖
Pb	非必需	抑制叶绿素合成，植物光合作用受到影响，同时细胞的代谢作用和活性氧代谢酶系统也同样受到影响及细胞活性紊乱和染色体等遗传基因受到破坏
Cu	必需	Cu 过量时对植株有毒害作用，植物细胞膜及多种细胞器的膜系统都容易受到损伤，植物生长受抑制或枯死

（3）重金属对人体的危害。土壤重金属主要通过食物链系统进入人体，或通过土壤扬尘系统进入人体，危害人体健康。有的重金属是人体必须的微量元素，若缺少就会对人体健康产生危害。但是过量的重金属在人体内富集，抑制生物酶活性，体内新陈代谢受到影响，对人体健康产生危害[29,33~37]，详见表 1-2。

表1-2　重金属对人体的影响[12]

重金属类型	生长必需元素	对人体的影响
Cd	非必需	积累在肾脏，引起泌尿系统功能的变化；能引起脾脏功能失调；干扰人体内锌的酶系统，导致高血压症上升
Pb	必需	影响儿童智商发育，Pb 中毒会涉及神经、血液、消化、泌尿等多个系统，从而引起肠胃、肾脏、神经损伤，贫血、高血压、不育不孕等症状
Cu	必需	人体摄入过量的 Cu，会使肝内 Cu 量增加数倍，超过耐受限量时，Cu 突然释放到血清内，产生神经组织病变、肝炎等中毒现象

李小飞等人[38] 的研究表明，长汀县稀土矿区居民通过食物链摄取受重金属污染的井水和蔬菜导致血液重金属含量严重超标，其中 Cr 为正常值的 70 倍且对儿童的健康风险影响较高。张静等人[19] 对北方稀土尾矿库周边土壤、植物重金属污染调查及健康风险评价，结果表明，土壤、植物重金属含量较高且对人体健康产生潜在的风险。

1.3　国内外研究成果

1.3.1　重金属迁移转化规律

国内外学者很早就开始从事一般土壤中重金属迁移转化方面的研究，取得了不少重大成果，对降低重金属污染和危害起到了积极推动作用。研究表明，土壤环境重金属的赋存形态不同，其生态危害也不同[39]，并且土壤环境重金属的赋存形态与其迁移性也密切相关[40]。已有研究结果显示，不同土壤层其重金属含量也不尽相同，Pb、Cu、Zn 含量与土壤深度成反比，Ni、Cd 与土壤深度成正比[41]。周元祥等人[42] 对某尾矿区尾砂中重金属元素迁移转化过程进行探究，结果显示，研究样区自然条件下不同位置重金属迁移趋势有所差异，其中铜、砷、汞、镉、铅的迁移速度较快，而锌的迁移速度较慢。

土壤介质中重金属元素的迁移转化主要伴随着吸附-解析过程、配合-螯合过程、沉淀-溶解过程等物理化学反应，因此会受到多种因素的影响[43]。王斌等人[44] 和张慧等人[45] 研究表明，重金属离子的分布规律及迁移过程与土壤环境酸碱程度、氧化还原状况、有机质含量有关。Fernandez-Caliani 等人[46] 对某铁矿尾矿区周边土壤环境重金属污染现状和迁移转化机理进行了探究，结果表明，pH 值是影响重金属迁移转化的重要因素，并对重金属元素的环境毒性有重要影响；Cd 和 Zn 在酸中和后，主要通过吸附和共沉淀作用固定重金属，而 As 和 Pb

主要与铁氧氢氧化物有关。Ostrowska 等人[47] 对某铜矿山尾矿区域及周边土壤环境、水体中重金属元素的迁移及转化过程、影响因子进行探究，结果发现污染重金属主要来源于尾矿渗滤液。徐晓春等人[48] 对某金属矿山尾矿库中重金属元素的迁移转化过程研究表明：重金属的迁移主要由淋滤作用引起，但其迁移范围比较近；重金属的迁移过程主要受到土壤介质酸碱度的影响，由于 Cu、Pb、Zn 在弱碱环境下垂向迁移速率比较慢，因而富集，酸性环境下 Pb、Zn 的迁移过程基本一致。彭磊等人[49] 对某稀土矿尾矿区域重金属的赋存状态、迁移过程进行研究，结果显示，不同区域重金属元素含量分布具有较大差异，因此人类生产过程严重影响了重金属的分布。

1.3.2 重金属吸附-解析特性

重金属的吸附-解吸特性研究，是进行迁移转化研究的基础，国内外学者对此开展了大量机理分析，取得了诸多研究成果，为后期工作提供了良好基础。吸附-解吸过程是金属离子进入土壤介质后最先发生的反应之一，对重金属离子的迁移转化过程和环境有效性具有重要的影响[50]。土壤介质表面结构特征、环境影响因子以及污染物组成等因素交互影响土壤介质对重金属元素的吸附-解吸特性[51]，因而有关其机理的研究成了土壤环境化学研究的重要目标。

缪鑫等人[52] 对不同土壤介质（黑土、潮土、红壤）中 Hg 和 As 的吸附-解吸过程进行探究，结果表明，Hg 在三种不同类型土壤介质中的最大吸附量分别是：黑土（1699.46mg/kg）> 潮土（1635.21mg/kg）> 红壤（451.33mg/kg），As 在三种不同类型土壤介质中的最大吸附量分别是：红壤（818.44mg/kg）> 黑土（561.87mg/kg）> 潮土（112.77mg/kg）。房莉等人[53] 以草地、农田和林地三种不同类型土壤介质作为研究对象，探究了其对 Cu^{2+}、Cd^{2+} 的吸附-解吸特性，结果表明：两种金属离子在不同类型土壤介质中的吸附量均与水溶液的金属浓度呈现正相关，Cu^{2+}、Cd^{2+} 的最大吸附量从大到小的顺序分别为农田-林地-草地、农田-草地-林地。蔺亚青等人[54] 以某离子型稀土矿区土壤介质为研究对象，采用静态试验探究了 Cu 的吸附-解析性能，结果表明，尾矿土壤对 Cu 的吸附量相对于原矿土壤较大，且两种类型土壤的吸附量均与平衡浓度正相关；Elovich 方程对 Cu 的吸附过程具有较好的拟合效果。

重金属离子在土壤介质中的吸附-解吸过程会受多种因素（土壤构成、环境因素、污染物构成等）交互作用的影响，科研工作者也对此展开了广泛的研究。王静等人[55] 采用土柱模拟的方法探究了 pH 值对土壤介质吸附-解析过程的影响，结果显示，一定范围内，土壤介质对 Cd 的吸附量与 pH 值正相关。当 pH 值为 8 时，吸附量达到峰值；土壤介质对 Pb 的吸附量随 pH 值增大波动上升，当 pH 值为 10 时，吸附量达到峰值。李灵等人[56] 以南方红壤土为研究对象，探究了 5 种不同功能用地土壤对 Cd 的吸附-解吸特性，结果表明，其吸附能力因与土壤利用类型的不同而有所差异，5 种土壤介质对 Cd 的吸附量从小到大依次为茶园、马尾松、稻田、草莓园、橘园，并且和土壤环境有机质、阳离子交换量成正比。Ariaset[57] 以酸性土壤为重金属吸附介质，探究 Cu 和 Zn 共存作用下，其竞争吸附机理，在两种金属混合体系中，土壤介质对金属离子的吸附量与金属离子浓度成反比，但随金属离子的不同会有所差异。郭平等人[58] 以黑土和棕土为研究介质，探究冷冻-融化作用对其吸附-解吸过程的影响，研究结果显示，两种土壤对重金属的吸附作用表现为黑土大于棕土，冷冻-融化对重金属离子的吸附具有抑制作用，但是能够促进解吸作用。董长勋等人[59] 以黄泥土作为研究对象，探究了其对铜的吸附-解吸机制，结果显示，Langmuir 方程对 Cu^{2+} 的吸附过程具有较高的拟合度，最大吸附量为 1600mg/kg；当小于最大吸附量时，土壤介质对金属离子的吸附量与其水溶液浓度成正比；恒温静态吸附结果显示，Langmuir、Freundlich 和 Temkin 方程均可对铜、镉、锌、铅的吸附过程进行拟合，其中 Freudlich 方程的拟合效果最优[60]。

1.3.3　重金属活化过程

国内外学者针对稀土矿区重金属污染现状进行总量调查、形态分析，并对部分废弃矿山重金属迁移转化影响因素进行研究，为稀土矿区土壤环境重金属污染控制奠定了前期基础。刘胜洪等人[16] 以某稀土矿尾矿区为调查对象，对其污染现状进行解析，结果显示，研究样区已经受到多种重金属不同程度的交互污染，其污染程度从大到小依次为 Mn、Pb、Zn。许亚夫等人[18] 对赣南某稀土矿区及其周边区域土壤环境重金属污染现状调查表明，Pb、Cu 均有不同程度的超标。王友生等人[61] 以某离子型稀土矿区为研究对象，对其不同功能区域重金属污染现状进行普查，发现堆浸池、取土场、尾矿区 Cd 的含量分别为土壤环境背景值的 69、97、141 倍，其潜在生态风险评价结果显示为极严重水平。

土壤介质中重金属元素的活化过程会受到多种因素（土壤构成、环境因素、污染物构成等）的影响。施泽明等人[62] 以稀土矿区为研究对象，对其沉积物中重金属污染物的赋存形态和污染程度进行普查，结果显示，Cd、Pb 为主要污染金属，且其还原态含量较高，土壤介质氧化还原条件的改变极易引起这两种金属形态分布，从而改变其活性，再次污染环境。陈熙等人[63] 研究结果显示，在离子型稀土矿原地浸出开采过程中，土壤环境中有机物对金属离子的吸附强度逐渐降低。陈志澄等人[64] 以某稀土矿山为研究对象，对其周边水体环境中多种重金属（Pb、Cd、Cu、Zn）的形态分布规律及影响因素开展研究，发现硫酸铵能够促进金属离子的活化过程，抑制了水溶相到固相的转化。任仲宇等人[65] 采用土壤柱模拟原地浸矿过程，结果表明浸矿剂作用会引起土壤介质中 Pb 赋存形态的改变，交换态 Pb 优先被活化，随稀土母液释放至环境。

1.3.4 重金属老化过程

重金属（水溶性）进入土壤环境后，通过吸附、配合、沉淀、溶解、凝聚等物化反应与土壤胶体结合，迅速完成固液分配，随后其可浸提性、可交换性、有效性、环境毒性会随时间逐渐减小，转化为更稳定的赋存形态[66]，直至达到新的平衡，这个过程即为"老化"。重金属在土壤环境中的老化是客观存在的过程，也被称为固定（fixation）、自然衰减（nature attenuation）、不可逆吸附（irreversible sorption）等[67]，该过程主要分为快速阶段（有机质包裹、沉淀）和慢速阶段（微孔扩散）。Wang 等人[68] 以 As 为目标金属，探究其进入土壤介质后，环境有效性与时间的相关性，结果显示，培养初期（30d）有效态含量快速下降，随后下降速度降低，逐渐趋于平衡。老化过程会受多种因素（土壤构成、环境因素、污染物构成等）的影响，如土壤环境酸碱程度、氧化还原状况、温度、含水率、微生物量（活性）、有机质含量以及外源重金属形态构成等[69]。Tang 等人[70] 探究了短期内土壤环境中 As 的老化过程，发现酸性土壤 As 的有效性高于碱性土壤。土壤环境中重金属的赋存形态不同，其活性、迁移性、有效性及环境毒性也不同。已有研究结果显示，土壤中重金属污染物的环境毒性不仅仅与其总含量有关，还与其形态分布紧密相关，弱酸提取态（交换态、碳酸盐结合态）重金属是土壤介质中活性最强、最容易被植物吸收富集的部分，能更好地反映研究区域土壤重金属污染的程度及其环境危害。因此，对土壤中重金属进行形态分析，确定重金属中具有环境毒性的部分含量，并研究形态分布规律及其转化机理是研究土壤重金属污染的关键。

1.3.5 重金属在土壤中吸附-解吸的影响因素

重金属在土壤中吸附-解吸的影响因素包括：

（1）pH 值。pH 值是影响重金属吸附-解吸的一个重要因素。pH 值主要是通过改变土壤胶体的可变电荷数量、重金属的溶解度以及离子对交换点位的竞争等来影响重金属的吸附-解吸过程[71]。当 pH 值较低时，阳离子 H^+、Fe^{3+}、Al^{3+}、Mg^{2+} 等与重金属离子发生竞争吸附，降低了土壤对重金属的吸附能力。相反，pH 值升高时，OH^- 的增加削弱了 H^+ 对交换点的竞争，土壤对重金属的吸附能力增强；随着 pH 值的升高，黏土矿物、水合氧化物及有机质表面的负电性增强，对重金属离子的吸附也增加[72]。高的 pH 值能够促进重金属离子水解成羟基离子，使得负电荷增加，离子的平均电荷降低，因此加强了重金属离子的专性吸附。

宋凤敏等人[73] 研究黄褐土和水稻田沙土对 Mn 和 Ni 吸附特性，结果表明：pH 值在 3~7 范围内，两种土壤对 Mn 的吸附率随 pH 值增加变化不大，Ni 的吸附率与 pH 值成正比关系，pH 值大于 4 后变化不明显。徐明岗等人[74] 以黄棕壤为研究对象，研究了 pH 值为 2~7 时，Cd 的解吸特性，结果表明重金属镉解吸量占吸附量的比率随 pH 值升高而降低。当土壤处于 pH 值高于 6.1 的环境时重金属镉极易生成沉淀配合物，当 pH 值环境高于 7.15 时配合沉淀物很难溶出。何为红等人[75] 研究了高岭石-胡敏酸复合体对 Cu^{2+} 吸附过程的影响，结果表明，吸附量的大小与 pH 值成正比，且当 pH 值为 5.0 时达到最大。Srivastava 等人[76] 研究了高岭石对 Cu 的吸附特性，结果显示，碱性条件下 Cu 会生成大量的羟基铜沉淀，进而导致吸附量增大，并且当 pH 值大于 6.0 时吸附量达到最大。Li 等人[77] 以城市土壤为研究对象，研究了 pH 值对其吸附特性的影响，结果显示 pH 值越大，其吸附量也越大。

（2）有机质。土壤腐殖质是有机物质通过微生物作用形成的，并且大部分以有机颗粒或者以有机膜被覆的形式和土壤中无机颗粒相结合形成有机胶体和有机-无机复合胶体，因此增加了土壤的表面积，使得土壤的吸附能力随有机质的增加而增加[78]。重金属离子与有机质发生配合作用、螯合作用，使得重金属离子保留在土壤溶液中，通过与土壤金属离子进行离子交换，吸附重金属从而改变其在土壤中的活性及生物有效性[12]。Kalbitz 等人[79] 研究表明，胡敏酸和富里酸对 Cd、Hg 两种金属的吸附强度为：胡敏酸 > 富里酸，吸附容量为：富里酸 > 胡敏酸。Olu-owolabi 等人[80] 研究发现，腐殖酸能够显著增加 Cu、Cd 在黏土矿物表面的吸附能力，且在高岭石表面尤为显著。Sarkar 等人[81] 将膨润土制备成两种有机质黏土，对比单一及混合有机质黏土对 Cr(Ⅲ)、Cr(Ⅵ) 的吸附行为，结果发现有机质黏土能够促进对 Cr(Ⅲ)、Cr(Ⅵ) 的吸附，且混合有机质黏土对重金属的吸附能力更强。

（3）温度。温度影响重金属的迁移性和活性，呈现一定的季节性规律。根据温度的变化所引起的土壤对重金属吸附量的变化，可以计算出吸附反应热力学参数如吉布斯自由能 ΔG、焓变 ΔH、熵变 ΔS。按照热力学参数能判断反应的放热过程（$\Delta H<0$）和吸热过程（$\Delta H>0$），反应的自发性（$\Delta G<0$）和非自发性（$\Delta G>0$），以及重金属离子被土壤吸附前后有序性（$\Delta S<0$）和无序性（$\Delta S>0$）等。体系能量随吸附过程的变化而变化，温度对吸附的影响因土壤类型的不同而异。

S. Kubilay 等人[82] 研究膨润土吸附 Cu、Zn、Co 的特征时，温度在 25℃、50℃、75℃、90℃时对吸附量的影响，研究表明，随着温度的升高吸附量逐渐降低。王耀晶等人[83] 研究了 Pb 在两种不同土壤中的吸附热力学特性，结果显示，在 25℃、35℃、45℃下，两种土壤各处理的 $\Delta H>0$，表明该反应是吸热过程升温有助于吸附。Bereket 等人[84] 研究了温度（20℃、35℃、50℃）对蒙脱土吸附Cu 性能的影响，结果显示，在20℃时 Cu 吸附量达到最大，这是因为吸附过程是放热反应，温度与铜的吸附量成反比。

（4）水土比。水土比是指溶液与溶质的质量之比，是影响吸附的重要因素。通过选择不同的水土比进行吸附实验，根据吸附量的大小及吸附强烈程度确定土壤吸附重金属的最佳水土比。

刘晶晶[85] 研究了黄土对铜吸附量的影响，结果表明水土比为 1∶200 时，黄土对铜有强烈的吸附。王艳[86] 以红壤为研究对象，探究了水土比分别为200∶1、100∶1、50∶1、20∶1、10∶1 条件下对 Cu、Zn、Cd 的吸附，结果显示，重金属的吸附率在水土比为 10∶1 时最大。此外，有些学者采用特定的水土比进行吸附研究。曾智浩等人[87] 采用水土比为 25∶1 研究了红壤土、紫色土、水稻土三种土壤对钼离子的吸附特性。Semu 等人[88] 研究了热带土壤在水土比分别为 10∶1 和 100∶1 条件下对汞的吸附影响，结果表明当水土比增大，土壤对汞的吸附量降低。

（5）其他重金属的竞争。实际污染的土体不仅仅是一种重金属，而是多种重金属复合污染的结果。重金属之间存在相互竞争的行为，从而表现出与单一重金属到多种重金属离子的吸附特性的不同。研究者对单一重金属离子的吸附特性进行了系统的研究，而对重金属之间的同时竞争吸附研究较少[12]。

Bibak[89] 和 Arias[90] 分别研究了氧化土和酸性土壤中 Cu、Zn 的竞争吸附，结果表明，Cu 在土壤中的竞争吸附能力强于 Zn，Cu 对 Zn 的吸附具有抑制作用，而 Zn 对 Cu 的吸附则基本无影响。Wang 等人[91] 研究重金属在红壤土中同时和顺序竞争吸附的动力学对比，结果表明，Cu 在两种情况下都优先被红壤土吸附，Cd 在同时竞争吸附中吸附量最小。Cerqueira 等人[92] 研究了不同土壤对 Cu、Cd 的竞争吸附解吸特性的影响，结果表明，Cu 在每种土壤的吸附量都大于 Cd；在竞争吸附系统中，Cd 的吸附受 pH 值、CEC、黏粒含量、绿泥石等影响很大，而绿泥石对 Cu 的吸附影响甚小。

1.3.6 重金属在土壤介质的吸附-解吸机理

由于物理或化学作用下，某些物质离子以自由状态被固定到固体物质表面或间隙中的过程称为吸附[93]，而解吸则是在某种化学解吸剂作用下，物质离子从固体表面或间隙脱离的过程。重金属离子在土壤介质中的吸附机理包括表面沉淀、离子交换等专性吸附以及由重金属离子与土壤介质之间的范德华力产生的静电吸引、颗粒内扩散等非专性吸附[94]，如图 1-1 所示。重金属离子在介质中的解吸机理与吸附机理相互对应，其中包括浓差扩散、离子交换等。

土壤中重金属的吸附过程分为专性吸附与非专性吸附，专性吸附是指通过共

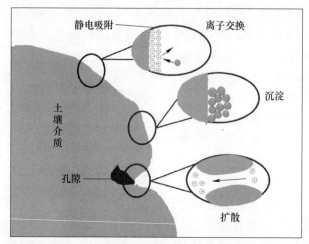

图 1-1　土壤吸附重金属离子的机理[94]

价键或者配位键和土壤胶体双电层的内层相结合，形成内圈化合物[95]。而非专性吸附是指通过静电引力和热运动与土壤胶体双电层中层相结合，形成外圈化合物[96]。内圈化合物和外圈化合物微观构型与反应活性不同，外圈化合物的活性高于内圈化合物；非专性吸附、专性吸附过程中重金属离子水合层分别为保留、完全或部分失去；非专性吸附前后吸附质的活性变化不大；专性吸附后的吸附性质与吸附前相差较大[97]。专性吸附是选择性吸附过程，例如土壤胶体会优先吸附羟基金属离子，吸附过程反应速度较慢且趋于不可逆。非专性吸附无选择性，反应过程趋于可逆。专性吸附的重金属吸附在土壤表面的活性位点上结合力非常强，不容易被解吸下来，因此，只能被有机配合剂、结合力更强的离子或在低pH 值条件下解吸[98]。

1.4　重金属在土壤中吸附-解吸的模型

1.4.1　重金属在土壤中吸附-解吸的等温模型

吸附质与吸附剂之间的相互作用一般通过吸附等温线的变化规律及其形状来描述，按照其形状可分为"S""H""L""C"型[99]。通常用 Langmuir、Freundlich、Temkin 等模型来描述重金属的吸附-解吸特性，并且比较拟合度（R^2）的大小，通过选出最佳拟合方程，来确定出重金属吸附解吸参数。

1.4.1.1　Langmuir 吸附等温线

Langmuir 方程表达式是基于 3 种假设基础上建立的：（1）吸附剂的表面是均匀单一的；（2）吸附质互不干扰，无交互作用；（3）吸附在单分子层范围内，存在最大吸附量。

$$Q_e = \frac{bQc_e}{1 + bc_e} \tag{1-1}$$

式中 Q_e——吸附平衡时重金属的吸附量，mg/g；

      Q——重金属的最大吸附量，mg/g；

      c_e——吸附平衡时溶液中重金属的浓度，mg/L；

      b——与结合强度有关的常数，L/mg。

1.4.1.2 Freundlich 吸附等温线

Freundlich 模型是基于大量吸附实验基础上的经验方程，在溶质浓度变化很宽时能很好地与实验结果吻合，最大的缺点是不能计算最大吸附量。

$$Q_e = K_F c_e^{1/n} \tag{1-2}$$

式中 K_F——表征吸附表面强度的指标，L/mg；

      $1/n$——各向异性指数。

Freundlich 方程式中 K_F 与吸附剂和吸附质的性质相关。K_F 是描述重金属在土壤中吸附作用力强弱的指标，K 值的大小与吸附作用力的大小成正比关系。$0 \leqslant 1/n \leqslant 1$，是指各向异性指数，浓度对吸附量影响的大小可以通过 $1/n$ 来表示，$1/n$ 与吸附体系的性质有关，决定了等温线的形状。

1.4.1.3 Temkin 吸附等温线

Temkin 方程是由 Langmuir 方程修正了缺点得出的。

$$Q_e = A\ln c_e + B \tag{1-3}$$

式中 A、B 为常数，分别与最大吸附量和吸附能有关。

1.4.2 重金属在土壤中吸附-解吸的动力学模型

土壤环境中重金属的吸附、解吸过程随时间的变化而发生改变，是一个动力学过程。吸附机理和吸附过程通常用动力学模型来解释分析，常见的吸附动力学模型有准一级动力学模型、准二级动力学模型、颗粒内扩散模型以及 Elovich 方程。

（1）准一级动力学方程。准一级动力学模型只适合描写初始阶段的特性。

$$\lg(Q_e - Q_t) = \lg Q_e - \frac{K_1 t}{2.303} \tag{1-4}$$

式中 Q_e——平衡时溶质在单位质量吸附剂上的吸附量，mg/g；

      Q_t——t 时刻溶质在单位质量吸附剂上的吸附量，mg/g；

      K_1——准一级吸附动力学速率常数，min^{-1}；

      t——反应时间，min。

（2）准二级动力学方程。准二级吸附动力学方程计算平衡吸附量对试验随意误差的敏感性较小，其模型反映吸附的所有过程。

$$\frac{t}{Q_t} = \frac{1}{K_2 Q_e^2} + \frac{t}{Q_e} \tag{1-5}$$

式中　K_2——准二级吸附动力学速率常数，min^{-1}。

（3）颗粒内扩散方程。颗粒内扩散模型反映吸附质分子或离子扩散进入孔隙的过程且反应速度较快，吸附过程的限速步骤是表面吸附或外部液膜扩散。

$$Q_t = K_p t^{0.5} + C \tag{1-6}$$

式中　K_p——颗粒内扩散速率常数，$\mathrm{mg \cdot g \cdot min^{-0.5}}$；

　　　C——常数，$\mathrm{mg/g}$。

（4）Elovich 方程。Elovich 方程描述的是一系列反应机制的过程，适用于反应过程中活化能变化较大的反应，能够展现其他动力学方程所忽视的数据的不规则性。

$$Q_t = A + K_t \ln t \tag{1-7}$$

式中　K_t——反应速率常数，$\mathrm{mg \cdot g \cdot min^{-0.5}}$；

　　　A——扩散速率常数，$\mathrm{mg/g}$。

2 矿区重金属污染调查及风险评价

2.1 矿区基本概况

2.1.1 地理位置

离子型稀土矿区位于江西省赣州市龙南县,处于中纬度偏南地区。东邻定南,西靠全南,北毗信丰县,南接广东省和平县、连平县。距县城8km处,矿区面积34.7km^2。区内主要为低山丘陵地形,沟谷发育,海拔标高一般为250~410m,相对高差在50~100m之间。是一类以重稀土为主的稀土矿,被列为国家高技术研究发展计划(863计划)项目工程实验基地,已有5年以上的开采历史。

2.1.2 地层岩性及构造

稀土矿区地处华南褶皱系万洋山-诸广山坳褶断带与武夷山隆褶断带。区域内主要地层有寒武系、志留系、白垩系、震旦系、泥盆系、二叠系、侏罗系、石灰系、古近系、新近系、第四系及岩浆系等,其中寒武系、泥盆系及岩浆系较多。矿区地层岩性主要分为三部分:(1)沉积岩:主要岩石,分布占龙南县面积的50%左右,岩中所含矿物主要有石灰石、铁、煤、钨等;(2)山火岩及变质岩,主要占1/3左右,它与很多非金属矿物及金属矿物的形成有密切的联系;(3)侵入岩及冲击岩,主要以黏土、花岗石为主,与稀土、钨等矿产的形成有密切联系。

早古生代以前,稀土矿区处于南部华夏古板块与北部杨子古板块之间,表现为由华夏古板块的向洋拼合而增生,形成了巨厚的以硅铝质为主的碎屑岩建造;晚古生代,主要为块体内凹陷沉降,在内部洼地有限地接受海相、陆内湖泊-沼泽相碳酸盐、碎屑沉积;中生代以来,受太平洋板块的强烈俯冲,板块与块体的作用加强,挤压隆起和拉张断陷时断时续,形成极其丰富的稀土矿产。根据构造成因可分为以下几种地形地貌:剥蚀构造地山丘陵地貌、岩溶地貌、侵蚀构造中低山地貌以及剥蚀堆积地形[100]。

2.1.3 气候水文

赣南地区属中亚热带季风气候,其特点是:冬温夏热、冬短夏长、雨量充沛，年平均相对湿度 70%，年平均日照数为 1783.8h，年平均气温在 20℃ 左右，最冷月一般在 1~2 月，平均气温在 4℃ 左右。最热月一般在 7~8 月，平均气温大于 33℃。气温的季节变化显著，四季分明，阳光丰富。年平均降雨量 1705mm，年平均蒸发量 1064.2mm，龙南县月降雨量和蒸发量分布如图 2-1 所示。冬季盛行偏北风，夏季盛行偏南风，年均风速 1.76m/s，适宜各种生物繁衍生长，这些都成为赣南地区种植业发展的有利条件。

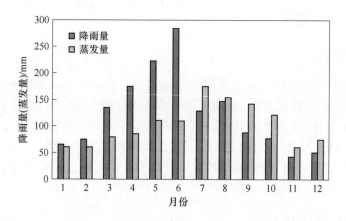

图 2-1 龙南县月降雨量和蒸发量分布图

龙南稀土矿区流经河流属赣江水系，一级支流有 5 条，分别是桃江、濂江、渥江、洒江、小江，二级支流一共有 18 条，三级支流最多，达到 21 条，而四级支流有 11 条。主要干流是桃江，贯穿足洞稀土矿区，桃江丰水期一般在春夏季节，丰水期河流径流量大约为全年径流量的 65%，平水期在 3 月、8 月、11 月份，枯水期一般在 12 月至来年 2 月份。枯水期流量变化小，且河流流量较为稳定，而丰水期流量随降雨量增加而变大，这种现象说明：该水期径流量为接受大气降水形成的地表片流补给，枯水期河流流量来源于地下径流[101]。

2.1.4 土壤环境

赣南地区土壤类型多种多样，据 1982 年土壤普查结果显示，该区土质形成原因主要是残坡积、坡积、冲积、洪积等，大部分为残坡积和坡积形成，土壤类型可以分为红壤、黄壤、紫色土、潮土和水稻土，其中红壤土是赣南土壤的主要类型[101]。

据江西省土壤元素背景值研究显示[103]，赣州地区土壤 Cu、Pb、Cr 等元素平均值稍高于江西省背景值。野外调查龙南、全南、安远等稀土矿山，采集未浸矿稀土矿山表土土壤样品进行分析，结果显示平均值（37.44μg/g）高于江西省背景值（20.8μg/g），最高值为 134.1μg/g（见表 2-1），最高值位于龙南稀土矿区，其含量是江西省背景值的 6.44 倍。Pb、Zn、Cr、As 四种元素平均值均高于江西省土壤背景值，其中 Pb 平均值高于江西省背景值约 5.46 倍，最高值可达 854μg/g；Cr 元素平均值是江西省背景值的 2.24 倍；As 元素的平均值也高于江西省背景值。此外，Cd、Ni、Hg 三种元素平均值含量均小于江西省背景值，其最高值仅高于江西省背景值的 1~2 倍[102]。

表 2-1　稀土矿区表层土壤样重金属元素对比

序号	元素	江西省背景值/μg·g⁻¹	中国背景值/μg·g⁻¹	世界中值/μg·g⁻¹	稀土矿山土壤（未浸矿）		
					平均值/μg·g⁻¹	最高值/μg·g⁻¹	最低值/μg·g⁻¹
1	Cu	20.8	20	30	37.44	134.1	11.99
2	Pb	32.1	23.6	12.0	175.3	85.4	25.6
3	Zn	69.0	67.7	9.00	86.02	160.0	40.0
4	Cd	0.10	0.074	0.35	0.053	0.0245	0.001
5	Ni	19.0	23.4	50.0	15.61	26.7	9.09
6	Cr	48	53.9	70.0	107.7	169.5	61.6
7	Hg	0.066	0.040	0.06	0.034	0.088	0.006
8	As	10.4	9.2	8.0	16.83	58.3	1.41

2.2　离子型稀土成矿特征及开采方法

2.2.1　离子型稀土矿成矿背景及形成机制

离子型稀土矿床多产于复式岩体的侵入岩体风化壳内，或者大基岩边部的舌状突出部位[104]。离子型稀土矿处于后加里东隆起区内，经历了加里东、海西-印支和燕山等多期构造运动，呈现出在东西向基底断裂构造基础上叠加北东向断裂构造的棋盘格式构造形迹[101]。离子型稀土矿的形成与地形地貌及母岩活动相关，而地形地貌及母岩活动又受构造-岩浆决定。林传仙等人[105]研究表明稀土元素在岩浆作用过程中的初步富集是形成离子型稀土矿床的基本因素，也是形成稀土矿床的关键条件。同时赣南地区构造活动的差异为稀土矿床的形成创造了良好的成矿条件，稀土元素在成矿母岩风化过程发生迁移、分馏，并进一步富集，从而使得赣南地区拥有得天独厚的风化壳离子型稀土矿床。

2.2.2　离子型稀土矿床垂向矿物特征变化

离子型稀土矿床是一个天然的层状柱，且结构明显，矿体主要分布在风化壳中，从上到下大体上可以分为表土层、全风化层、半风化层和母岩，表层土主要是植物残枝、石英颗粒、腐殖质等，全风化层和半风化层主要是黏土、腐殖质等黏性强的矿物质，母岩多以中-酸性花岗岩为主，稀土元素主要以离子形态吸附在风化壳全风化层和半风化层表面，且全风化层含量最高[106]。大多数情况下，发育良好的风化壳中稀土元素在剖面上分布呈现中间高两端低的抛物线型式，同时开展垂直-水平研究认为离子型稀土矿床是三维成矿，在三维空间中，离子型稀土矿稀土元素分布及特征变化与水流渗透方向有关，流体水平方向上的扩散速率要远小于垂直方向上的渗透淋滤影响[105]。高效江等人[107] 研究了赣南离子型稀土元素的分异特征，发现不同稀土元素在不同层位中的富集系数变化显著，轻稀土元素在风化层上部及表土层富集，而重稀土元素在风化层下部最为富集。

2.2.3 稀土矿开采工艺

赣州龙南足洞矿属于风化淋积型离子吸附型稀土矿，根据风化壳淋积型稀土矿中的稀土以离子相稀土为主的特点，赋存于花岗岩、火成岩等风化壳中，稀土品位低，且主要以离子态吸附于高岭土、长石、云母等黏土矿物表面，常规物理选矿无法使其富集为精矿，但很容易浸出提取。南方离子型稀土的开采加工先后经历了3种不同的工艺，即池浸、堆浸和原地浸矿工艺，对矿山环境治理与生态环境保护状况差别显著[108]。

池浸是一种传统的露天开采异地浸矿技术，该工艺一般采用面积约 $12m^2$、容积 $10 \sim 20m^3$ 的水泥池作为浸取槽，装矿高度约 1.5m，利用浓度为7%的氯化钠溶液作为浸矿剂在浸取槽中将稀土交换出来。堆浸工艺与池浸工艺方法相似，不同之处在于稀土是在堆浸场中被交换出来，生产机械化程度、资源利用率和产量都要比池浸工艺高得多，同时浸矿剂改成了浓度为1% ~4%的硫酸铵溶液。由于并未从根本上改变开采方式，因此开采过程中仍会破坏大量的植被并产生大量的挖矿土、尾砂、尾渣和废液，水土流失依然十分严重[109]。因此针对生态环境被破坏严重的情况下，研究人员开发了离子型稀土矿原地浸矿新工艺[110]，如图 2-2 所示。

原地浸矿的基本原理如图 2-3 所示[111]，吸附在黏土等矿物表面的稀土阳离子遇到化学性质更活泼的阳离子 H^+、NH_4^+ 时，被阳离子 H^+、NH_4^+ 交换解吸而进入溶液，再利用沉淀剂将稀土离子沉淀分离出来。采用硫酸铵作为浸出剂时，其交换解吸化学反应方程式为：

$$2(高岭土)^{3-} \cdot RE^{3+} + 3(NH_4)_2SO_4 \longrightarrow 2(高岭土)^{3-} \cdot (NH_4^+)_6 + (RE^{3+})_2 \cdot (SO_4^{2-})_3$$

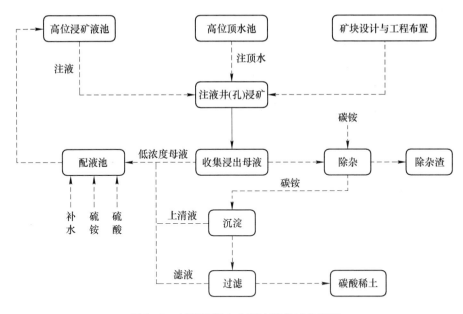

图 2-2 离子型稀土矿原地浸矿工艺流程

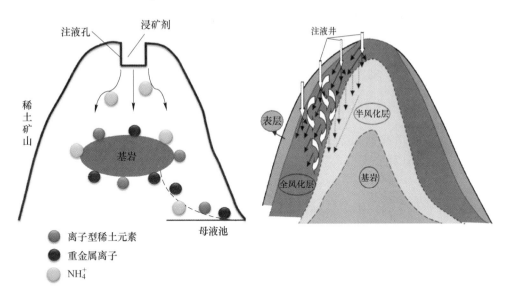

图 2-3 稀土矿原地浸矿过程示意图

NH$_4^+$ 吸附在土壤中,而硫酸稀土则进入母液中。收集到的母液,经除杂、净化、澄清、沉淀即可提取稀土。在矿体地表按一定距离开挖注液孔,将已配好的浸矿剂(硫酸铵)按一定的加液速度,通过注液管缓慢加注到每个注液孔中。

浸矿剂借重力和毛细管作用，与矿石中的稀土离子进行置换反应，达到稀土浸出的目的。在矿体底部修建集液巷道，以充分回收浸矿液，防止浸矿液流失。它具有诸多优点，如不破坏地形、地貌，不剥离植被、表土，无尾矿外排，不破坏自然景观，对环境影响小；可大大减轻采矿工人的重体力劳动；生产作业比较安全；可回采常规开采方法无法开采的矿石；可经济合理地开采贫矿和表外矿石，能充分利用资源，可节省基建投资，降低生产成本。

2.3 矿区土壤重金属来源解析

2.3.1 实验内容

2.3.1.1 土壤重金属污染源解析

采用描述性统计分析、多元统计分析和空间分析对研究样区重金属污染来源进行解析。

（1）描述性统计分析：用于了解从研究对象所获取数据参数的基本结构和分布特点，包括数据的范围、均值、中值、标准差、变异系数、峰值和偏度。

（2）多元统计分析：包括相关性分析和主成分分析，用于探究污染物质的主要来源。

（3）空间分析：采用 ArcGis 软件，对研究样区各取样点重金属浓度符号化，分析重金属浓度空间分布规律。

2.3.1.2 土壤重金属污染评价

单项污染指数法是对单一污染物进行分析评价的常用环境污染评价方法[112,113]，其计算公式见式（2-1）：

$$P_i = C_i / S_i \tag{2-1}$$

式中，P_i 表示单项污染指数；C_i 表示实测值；S_i 表示参考值。$P_i \leqslant 1$ 表示无污染；$1 < P_i \leqslant 2$ 表示轻度污染；$2 < P_i \leqslant 3$ 表示中度污染；$P_i > 3$ 表示重度污染。

内梅罗综合污染指数法全面考虑了单项污染指数的均值和最大值，综合描述了土壤环境中各项污染物污染的平均水平，突出较为重要的污染物污染作用[114,115]，其计算公式见式（2-2）：

$$I = \sqrt{\frac{\max(P_i)^2 + \text{ave}(P_i)^2}{2}} \tag{2-2}$$

式中，I 表示综合污染指数，P_i 表示 i 样点单项污染指数。$I \leqslant 0.7$ 表示未污染；$0.7 < I \leqslant 1$ 表示污染预警值水平；$1 < I \leqslant 2$ 表示轻度污染；$2 < I \leqslant 3$ 表示中度污染；$I > 3$ 表示重度污染。

2.3.2 土壤重金属含量描述性统计分析

研究样区土壤理化性质、氮化物、重金属、稀土含量描述性统计分析见表2-2。土壤 pH 值范围为 3.35～7.36，平均值为 4.39，是典型酸性土壤，再加上研究样区离子型稀土矿的开采，大规模使用硫铵、氯铵、碳铵等化学试剂，导致土壤环境酸碱程度发生改变，进一步酸化。含水率和有机质的范围分别是12%～39%、2.45～45.82g/kg，变化幅度较大，这是由于稀土矿区和农田土壤利用类型不同造成的，农田土壤基本全为水田，因此其含水率较高，农田微生物种群丰富，多秸秆等有机物，故其有机质含量也较高，而矿区土壤中水分及有机质较低。

表2-2 描述性统计分析 （mg/kg）

元素	最大值	最小值	平均值	标准偏差	变异系数/%	偏度	峰度	背景值	标准值	超标率（农田）/%
pH 值	7.36	3.53	4.39	0.69	6.74	2.13	5.23	—	—	—
含水率/%	0.39	0.12	0.26	0.08	29.86	(0.07)	(1.20)	—	—	—
有机质/g·kg⁻¹	45.82	2.46	13.34	6.31	15.83	2.14	10.56	—	—	—
E_h/mV	744.32	374.58	648.95	43.72	47.34	(3.91)	24.06	—	—	—
氨氮	414.58	6.38	31.58	55.97	177.23	5.34	34.36	—	—	—
硝氮	22.37	0	4.99	6.27	125.55	1.78	2.19	—	—	—
Cd	1.33	0.15	0.27	0.18	64.81	4.09	21.13	0.1	0.25	15.0
Hg	7.15	0.16	1.00	1.24	123.86	2.87	10.07	0.08	0.2	97.83
As	84.44	9.41	32.64	13.72	42.04	1.55	3.82	10.4	35	30.40
Pb	695.16	68.71	135.91	90.00	66.22	4.03	22.60	32.1	80	71.7
Cr	49.57	14.35	26.38	6.97	26.42	0.58	0.75	48	220	0
Cu	49.25	4.87	11.78	5.88	49.91	4.28	25.43	20.8	50	0
Ni	18.51	5.66	11.28	3.41	30.26	(0.03)	(1.34)	19	60	0
Zn	290.62	78.25	113.19	37.92	33.50	2.27	7.10	69	150	0
Tl	4.78	1.29	2.34	0.95	40.81	0.68	(0.82)	0.58		100
T-RE	9537.0	293.67	990.43	1113.3	112.41	7.17	55.48	—	—	—

注：超标率=超标样点数/总样点数；由于土壤环境质量标准中没有铊的标准，因此选择我国土壤铊的平均含量作为其背景值。

离子型稀土以离子相赋存于矿体中，其开采方式采用电解质溶液进行离子交换浸出，硫酸铵是目前广泛应用的浸矿剂，因此随着离子型稀土进一步开采，大量的浸取剂/浸矿母液外泄释放至环境，造成土壤环境氨氮含量超标严重，部分采用浸矿废水灌溉的农田氨氮也超标，而未使用矿区废水灌溉的农田区域则氨氮含量较低，故氨氮变化幅度也较大，含量范围为 6.38 ~ 414.58mg/kg。与土壤环境国家第二级标准相比较，农田土壤 Cd、Hg、As、Pb 的超标率分别为 15%、97.83%、30.40%、71.7%，说明农田土壤重金属污染严重。前期研究结果表明[116,117]，金属矿区环境重金属污染与两方面因素密切相关，一方面为矿区土壤母质和理化性质，另一方面为开采工艺及开采过程。研究样区土壤中 Cd、Hg、As、Pb 的最大浓度均高于土壤背景值 13、90、8、22 倍，故这四种重金属可能均来自于土壤母质释放；浸矿剂通过置换反应置换出稀土离子时，也会置换出金属离子，同时造成土壤环境酸化，促进重金属的进一步活化、迁移，导致水土环境的污染。研究结果表明，Tl 的环境毒性远高于 Pb、Hg 等重金属元素[118]，是具有高毒性的典型重金属，调查数据显示 Tl 的含量均高于 Hg 的浓度，污染现状严重。

Fu 等人[119] 将变异程度划分为弱变异（<10%）、中等变异（10% ~ 90%）和高度变异（>90%）。从表 2-2 可知，氨氮、硝氮、Hg 均属于高度变异，其中 Hg 的最大值为其背景值的 90 倍；其余重金属均为中度变异，Pb、As 的最大值分别为其背景值的 27 倍、8 倍。因此，研究样区氨氮、硝氮、Hg、Pb、As 均呈现出高度的富集现象，其余重金属最大值也超过其背景值，呈现不同程度的富集现象。

2.3.3 土壤重金属含量多元统计分析

多元统计分析（相关性分析、主成分分析）是一种可以有效辨识土壤环境中重金属来源（自然来源、人为来源）的经典分析方法[120,121]。若两元素之间相关性显著或极其显著，则表明这两种元素为同源污染物或者复合污染物[122]；土壤环境理化性质能够影响重金属的赋存形态、活性，如果土壤环境的某一理化性质与某种重金属含量显著相关，则该性质为影响重金属活化、迁移的重要因素。主成分分析将多个数据用一个综合指标来代替，使数据简化，从而更有效、准确分析数据间的相关性[121]。

基于 Pearson 相关系数矩阵，研究样区土壤环境理化性质、氮化物含量、重金属含量及稀土总量之间的相关性分析见表 2-3。

表2-3　土壤理化性质、氮化物重金属、稀土总量相关性分析

	E_h	含水率	pH值	有机质	氨氮	硝氮	Cd	Hg	As	Pb	Cr	Cu	Ni	Zn	Tl	T-RE
E_h	1															
含水率	-0.123	1														
pH值	-0.223	-0.067	1													
有机质	-0.155	-0.077	-0.047	1												
氨氮	0.014	-0.077	-0.132	-0.075	1											
硝氮	0.119	0.090	-0.001	-0.130	0.37②	1										
Cd	-0.151	-0.046	0.32②	-0.127	0.73②	0.193	1									
Hg	-0.117	-0.51②	-0.133	0.006	0.42②	-0.093	0.43②	1								
As	-0.038	-0.144	0.147	0.099	0.135	0.084	0.175	0.203	1							
Pb	0.040	-0.129	0.165	-0.278①	0.70②	0.300①	0.80②	0.44②	0.240	1						
Cr	0.107	0.35②	-0.240	0.41②	-0.230	0.017	-0.303①	-0.36②	-0.287①	-0.42②	1					
Cu	-0.091	0.33②	0.160	0.186	0.123	0.33②	0.172	-0.227	-0.010	0.044	0.154	1				
Ni	-0.024	0.59②	-0.068	0.274①	-0.247①	0.216	-0.32②	-0.46②	-0.240	-0.46②	0.77②	0.46②	1			
Zn	-0.059	-0.273①	0.277①	-0.192	0.59②	0.075	0.82②	0.48②	0.206	0.83②	-0.43②	-0.039	-0.54②	1		
Tl	0.021	-0.71②	0.028	-0.065	0.315①	-0.183	0.43②	0.71②	0.41②	0.52②	-0.53②	-0.37②	-0.77②	0.63②	1	
T-RE	-0.024	0.019	0.33②	-0.187	-0.058	0.099	0.281①	0.032	0.075	0.257①	-0.092	-0.039	-0.096	0.200	0.055	1

①表示0.05水平上显著；
②表示0.01水平上显著。

pH 值大小与 Cd、Zn 含量呈显著正相关，前期研究表明，pH 值是土壤环境性质的综合表征，是重金属形态转变的决定性因素[123]，通过改变土壤颗粒的表面电荷，影响吸附-解吸过程，同时也会对重金属沉淀物、配合物稳定性产生一定影响。有机质含量与 Pb 含量呈显著负相关，与 Cr、Ni 含量呈显著正相关，有机质的配合能力很强，能够对重金属元素的移动性、有效性及其形态分布产生重要影响。因此，土壤环境的酸碱程度、有机质含量均为影响重金属环境行为的重要因素，这与前人的研究结果基本一致[124,125]。含水率与 Hg、Zn、Tl 含量呈显著负相关，与 Cr、Cu、Ni 含量呈显著正相关，当土壤水分含量发生变化时，土壤环境物化性质和生物性质产生影响，改变土壤环境酸碱程度、氧化还原状况、有机质及碳酸钙含量，进一步间接影响重金属的赋存形态和分配[126]。氨氮与 Cd、Hg、Pb、Zn、Tl 含量呈显著正相关，说明重金属与氨氮具有同源性。离子型稀土采用大量硫酸铵进行原地浸出，其反应机理为硫酸铵与稀土离子发生置换反应，与此同时，金属离子也与硫酸铵发生反应，随稀土母液一起流出矿体，释放至环境。Cd、Hg、Pb、Tl 含量两两之间具有显著的相关性，则可推断其来源途径是相同的，这与描述性统计分析结果相吻合。

研究样区土壤重金属含量主成分分析结果见表 2-4，按照特征值大于 1 原则，筛选出 5 个主成分，解释了 73.65% 原有信息，即这 5 个主成分可以解释调查数据的大部分信息（见表 2-5）。PC_1 的贡献率为 32.57%，在氨氮、Cd、Hg、Pb、Zn、Tl 的含量上具有较高荷载，反映了氨氮、Cd、Hg、Pb、Zn、Tl 的富集情况。描述性统计分析表明（见表 2-2），研究样区土壤中 Cd、Hg、Pb、Zn 的平均值均高于土壤背景值 2.7、12.5、4.2、1.6 倍，Tl 的平均值也远高于其背景值，且氨氮、Cd、Hg、Pb、Zn、Tl 两两之间均显著相关（见表 2-3），因此可推断出第一成分中氨氮和 5 种重金属可能来自同一污染源。氨氮主要来自离子型稀土矿原地浸出过程中浸矿剂硫酸铵的大量使用，因此可进一步推断第一主成分代表离子型稀土开采等人为来源。第二主成分的贡献率为 15.50%，在硝态氮和 Cu 的含量上有较高的荷载，反映了硝氮和 Cu 的富集情况。第三、四、五主成分的贡献率分别为 9.93%、9.01%、6.63%，分别解释了氨氮、有机质、As 的富集信息。

表 2-4　重金属含量主成分分析

主成分	初始特征值			提取后特征值		
	特征值	解释方差/%	累计方差/%	特征值	解释方差/%	累计方差/%
1	5.211	32.569	32.569	5.211	32.569	32.569
2	2.481	15.503	48.072	2.481	15.503	48.072
3	1.590	9.937	58.009	1.590	9.937	58.009

续表 2-4

主成分	初始特征值			提取后特征值		
	特征值	解释方差/%	累计方差/%	特征值	解释方差/%	累计方差/%
4	1.441	9.005	67.014	1.441	9.005	67.014
5	1.061	6.631	73.645	1.061	6.631	73.645
6	0.945	5.904	79.549			
7	0.778	4.863	84.413			
8	0.704	4.397	88.810			
9	0.513	3.206	92.015			
10	0.409	2.557	94.572			
11	0.282	1.762	96.334			
12	0.228	1.425	97.760			
13	0.124	0.775	98.535			
14	0.109	0.682	99.216			
15	0.075	0.466	99.682			
16	0.051	0.318	100.000			

表 2-5 重金属含量主成分分析载荷矩阵

	PC_1	PC_2	PC_3	PC_4	PC_5
E_h	-0.041	-0.104	0.300	-0.604	0.450
含水率	-0.517	0.558	-0.107	-0.114	-0.272
pH 值	0.195	0.246	-0.749	0.262	0.150
有机质	-0.258	-0.058	0.305	0.768	0.174
氨氮	0.614	0.470	0.488	-0.037	-0.118
硝氮	0.058	0.611	0.213	-0.268	0.426
Cd	0.746	0.541	-0.005	0.131	-0.185
Hg	0.694	-0.224	0.309	0.221	-0.142
As	0.369	-0.026	-0.066	0.304	0.640
Pb	0.818	0.427	0.071	-0.131	-0.030
Cr	-0.681	0.187	0.306	0.155	-0.047
Cu	-0.216	0.679	0.048	0.269	0.169
Ni	-0.784	0.448	0.129	0.144	0.023
Zn	0.855	0.261	-0.022	0.045	-0.139
Tl	0.843	-0.398	0.102	0.133	0.100
T-RE	0.215	0.224	-0.569	-0.135	0.106

2.3.4 土壤重金属含量空间分析

统计分析结果显示，研究样区主要污染重金属为 Cd、Hg、As、Pb、Tl，因此对这五种重金属的空间布局进行分析。具体如图 2-4 所示，5 种重金属的空间布局基本相似。

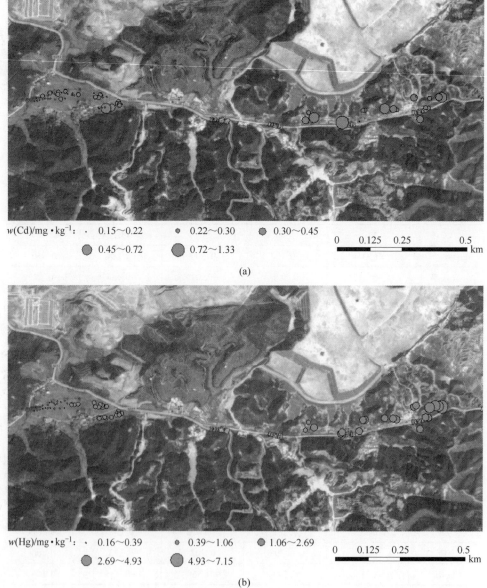

$w(\text{Cd})/\text{mg} \cdot \text{kg}^{-1}$:   · 0.15~0.22   · 0.22~0.30   ⊙ 0.30~0.45   ◯ 0.45~0.72   ◯ 0.72~1.33

0 0.125 0.25   0.5 km

(a)

$w(\text{Hg})/\text{mg} \cdot \text{kg}^{-1}$:   · 0.16~0.39   · 0.39~1.06   ● 1.06~2.69   ◯ 2.69~4.93   ◯ 4.93~7.15

0 0.125 0.25   0.5 km

(b)

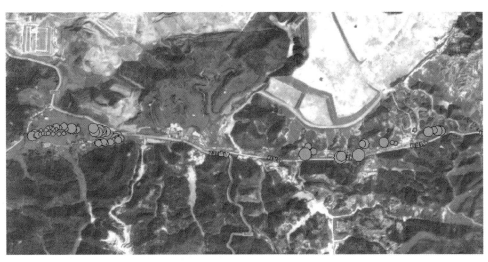

$w(As)/mg \cdot kg^{-1}$: · 9.41~13.85　　○ 13.85~26.36　　◯ 26.36~36.76

◯ 36.76~57.92　　◯ 57.92~84.44

0　0.125　0.25　　　0.5
km

(c)

$w(Pb)/mg \cdot kg^{-1}$: · 0~100　　○ 100~200　　◯ 200~300

◯ 300~400　　◯ 400~700

0　0.125　0.25　　　0.5
km

(d)

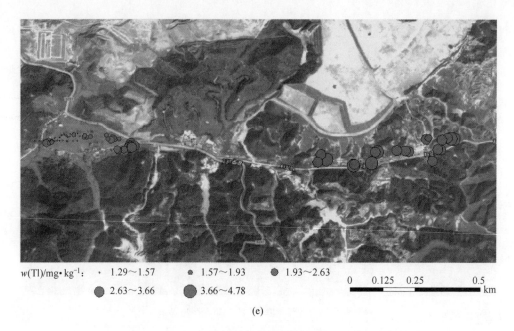

$w(\text{Tl})/\text{mg} \cdot \text{kg}^{-1}$:　·　1.29～1.57　　·　1.57～1.93　　●　1.93～2.63
　　　　　　　　　　　●　2.63～3.66　　●　3.66～4.78

0　0.125　0.25　　0.5
km

(e)

图 2-4　重金属含量空间分布

(a) Cd；(b) Hg；(c) As；(d) Pb；(e) Tl

（1）矿区土壤重金属浓度普遍高于农田土壤。这是因为重金属主要来源于离子型稀土开采过程中土壤母质的释放，稀土母液中含有的重金属首先被矿区土壤再吸附，再加上稀土矿生产区母液泄露、矿渣管理不善等原因，造成矿区土壤环境重金属含量偏高。

（2）沿地表径流流向，土壤重金属浓度逐渐降低。地表径流是重金属在环境中运移的重要途径[127]，土壤介质/河流底泥具有很大的孔隙率和比表面积，能够快速吸附水溶液中的金属离子，因此随地表径流的延伸，水体和土壤中重金属浓度逐渐降低，另外汇流也会降低水体重金属浓度，进而影响土壤环境重金属污染情况。

（3）沿地表径流垂直方向，土壤重金属浓度与离地表径流的距离成反比。离地表径流越远，由地表径流侧压力引起的重金属迁移越弱。

（4）未采用流经矿区地表径流灌溉的区域重金属浓度较低。流经矿区地表径流中含有大量的金属离子，采用污染水源灌溉是农田土壤污染的主要原因。

2.3.5　土壤重金属污染评价

由于研究样区土壤环境的 pH 值平均值是 4.39，故本次评价以江西省土壤环境背景值和《土壤境质量标准》（GB 15618—2008）中土壤无机污染物环境质量第二级标准 pH<5.5 的限值作为参考值（见表2-6）。

表2-6 单项污染指数评价结果 （mg/kg）

元素	以江西省土壤背景值为参考				以国家二级标准为参考			
	最大值	最小值	平均值	超标率/%	最大值	最小值	平均值	超标率/%
Cd	13.32	1.46	2.70	100	5.33	0.58	1.08	33.33
Hg	89.43	1.99	12.48	100	35.77	0.80	4.99	96.97
As	8.12	0.90	3.14	100	2.41	0.27	0.93	33.33
Pb	21.66	2.14	4.23	100	8.69	0.86	1.70	80.30
Cr	1.03	0.30	0.55	2	0.23	0.07	0.12	0
Cu	2.37	0.23	0.57	5	0.99	0.10	0.24	0
Ni	0.97	0.30	0.59	0	0.31	0.09	0.19	0
Zn	4.21	1.13	1.64	100	1.94	0.52	0.75	12.12

由表2-6可知，以江西省土壤环境背景值为参考，Cd、Hg、As、Pb、Zn的单项污染指数平均值均大于1，说明研究样区这5种重金属严重积累。Cd、Hg、As、Pb、Zn超标率均为100%，Cu的超标率为5%，Zn的超标率为2%，Ni未超标，表明研究样区土壤环境已受到多种重金属不同程度的污染。以国家二级标准为参考，Cd、Hg、Pb的单项污染指数均大于1，As的单项污染指数平均值为0.93，接近于1，故Cd、Hg、As、Pb污染程度已威胁到研究样区生态安全。Cd、Hg、As、Pb、Zn的超标率分别为33.33%、96.97%、33.33%、80.30%、12.12%，说明研究样区已受到了这5种重金属的污染，其中Hg、Pb最为严重。

如表2-7所示，以江西省土壤环境背景值为参考，研究样区均受到不同程度的污染，其中达重度污染采样点占总样点数的69.7%，中度污染和轻度污染分别占28.79%和1.52%。以国家二级标准为参考，13.64%的研究样点属于警戒线水平，42.42%属于轻度污染，12.12%属于中度污染，31.82%属于重度污染，因此研究样区土壤环境污染程度已较为严重。

表2-7 内梅罗综合污染指数评价结果 （%）

污染程度	清洁	警戒线	轻度污染	中度污染	重度污染
背景值	0	0	1.52	28.79	69.70
国家二级	0	13.64	42.42	12.12	31.82

2.4　矿区土壤重金属风险评价

2.4.1　评价方法

潜在生态危害指数法（RI）是瑞典科学家 Hakanson[128] 综合考虑环境中重金属污染物的含量、种类、毒性水平及其敏感程度，将重金属的生态环境效应和环境毒性相关联，提出的评价环境重金属污染程度和生态危害的方法，其计算公式见式（2-3）和式（2-4）：

单项污染物潜在生态危害系数：

$$E_i = T_r^i \times (C_i/C_{0i}) \tag{2-3}$$

综合（多项污染物）潜在生态危害系数：

$$RI = \sum E_i \tag{2-4}$$

式中，C_i 表示实测值；C_{0i} 表示参比值，本次评价以江西省土壤环境背景值为参考标准[110]；T_r^i 表示毒性系数（Cd：30、Hg：40、As：10、Pb：5、Zn：1）[129]。危害等级划分见表2-8。

表2-8　Hakanson 潜在生态危害等级划分[130]

生态危害	轻微	中等	强	很强	极强
E_i	<40	40~80	80~160	160~320	>320
RI	<90	90~180	180~360	360~720	>720

2.4.2　土壤重金属潜在生态风险评估

依据研究样区土壤重金属含量单项污染指数评价结果（见表2-6），Cd、Hg、As、Pb、Zn 污染严重，因此基于这五种重金属，对研究样区土壤重金属潜在生态风险进行评估，结果见表2-9。Hg 的潜在生态危害系数平均值最大，故其对生态环境的危害程度也最大，极强、很强、强、中等、轻微危害程度所占比例分别为34.85%、33.33%、30.30%、1.25%、0%。Cd 处于强危害程度，As、Pb 处于中等危害程度，Zn 处于轻微危害程度，其潜在生态危害系数平均值分别为81.05、31.38、21.17、1.64。研究样区5种重金属综合潜在生态危害系数的平均值为634.50，故其土壤环境重金属污染处于强生态危害程度。

表 2-9 潜在生态风险评价结果

元素	$E_i/\text{mg} \cdot \text{kg}^{-1}$			不同危害程度所占比例/%				
	最大值	最小值	平均值	轻微	中等	强	很强	极强
Cd	399.50	43.67	81.05	0.00	71.21	22.73	4.55	1.52
Hg	3577.34	79.70	499.26	0.00	1.52	30.30	33.33	34.85
As	81.20	9.05	31.38	77.27	21.21	1.52	0.00	0.00
Pb	108.28	10.70	21.17	93.94	4.55	1.52	0.00	0.00
Zn	4.21	1.13	1.64	100.00	0.00	0.00	0.00	0.00
RI	3831.47	159.31	634.50	0.00	1.52	51.52	18.18	28.79

3 稀土矿区土样分析及研究方法

3.1 矿区土壤样品的采集、处理及储存

江西省赣州市龙南县足洞矿，属于风化壳淋积型稀土矿，是典型富钇型稀土矿。其开采方式均采用原地浸出工艺，被列为国家高技术研究发展计划（863 计划）项目工程实验基地，已经有几十年的开采历史。由于其独特的开采工艺，采用大量的硫酸铵进行原地浸矿，造成矿区及其周边水环境、土壤环境氮化物、重金属污染严重。

南方离子型稀土矿主要以重稀土为主，分布在江西、广东、福建等地，因其价值高，比北方的轻稀土更宝贵。离子型稀土原矿主要由石英、黏土矿物等组成，一般是红色、白色、黄色及灰色沙土混合物，呈疏松状态的无规则的颗粒物。矿石中的稀土元素绝大多数是离子状态吸附在黏土矿物上，具有放射性低、开采容易且成本低、提取工艺简单等特点，是我国特有的稀土矿产资源。

土壤样品采集：样品选取赣州市龙南县足洞稀土矿区未开采原矿土壤，以废弃尾矿土壤及距稀土矿生产区 1km 的农田土壤为研究对象。大致位置如图 3-1 所示。采用 GPS 定位仪对采样点进行定位，并详细记录采样点的经纬度、地形和地貌，在选定的样点中，按照 S 形布设点原则，选取 3m×3m 样方，设 3 个重

图 3-1　取样点位置

复，用铁锹垂直挖取 0~20cm 深度的土体，同一样方取 3 个重复的土样，均匀混合成一个样品后装入写好标签的自封袋中密封保存带回实验室[131]。

土壤样品的处理：自封袋中的土样放于薄膜上分布均匀，放于实验室楼道通风、阴干，再剔除掉其中的植物残体、石头等杂物。

土壤样品的保存：将阴干的土壤进行研磨，研磨后过 20 目（830μm）筛，装入自封袋保存于干燥处，待测。

3.2 土壤理化性质测定方法

3.2.1 pH 值

土壤酸碱度又称"土壤反应"，它是土壤溶液的酸碱反应。主要取决于土壤溶液中氢离子的浓度。pH 值的改变对稀土矿土壤中氮素的矿化及硝态氮的积累有着重要的影响，是评估土壤污染程度不可或缺的要素。具体测定方法：准确称取过 10 目（2mm）筛的风干试样 10g 于 50mL 干净烧杯中，用量筒量取 25mL 去离子水倒入烧杯中（土液比为 1:2.5），用搅拌器搅拌 1~2min，使土粒充分分散，放于无氨或挥发性酸环境中静置 30min 后，将电极插入试样悬液中（注意玻璃电极球泡下部位于土液界面处，甘汞电极插入上部清液），轻轻转动烧杯以除去电极的水膜，促使快速平衡，静置片刻，按下读数开关，待读数稳定时记下 pH 值。每组测量三次，取平均值[132]。

3.2.2 有机质

土壤有机质物质包括各种动植物残体以及微生物及其生命活动的各种有机产物。其中相对稳定的是经过复杂的生物化学转化过程，微生物的生命活动形成的土壤腐殖质。它在土壤中的累积、移动和分解的过程是土壤形成作用中最主要的特征。土壤有机质不仅能为作物提供所需的各种营养元素，同时对土壤结构的形成、改善土壤物理性状有决定性作用，具体测定方法如下：称取过 40 目（380μm）孔径的风干土样 0.5g（精确至 0.001g），放入 50mL 高型烧杯中，加入 3.0mL 水充分将土样摇散，加入 10.0mL 重铬酸钾溶液，然后加入 10.0mL 浓硫酸并不断摇动，停放 20min，加 10.0mL 水，摇匀，静置或过夜，吸取上清液 15.0mL 于 50mL 容量瓶中（或吸取 3.0mL 于 10mL 容量管中），加水至刻度线充分摇匀。用 4cm 光径比色皿在 590nm 波长以试剂空白调仪器零点进行比色测吸光值，在工作曲线上查出有机碳毫克数，每组测量三次，取平均值[132]。

3.2.3 阳离子交换量

土壤的阳离子交换性能是由土壤胶体表面性质所决定，由有机质的交换基与无机质的交换基所构成，前者主要是腐殖质酸，后者主要是黏土矿物。它们在土壤中互相结合着，形成了复杂的有机无机胶质复合体，所能吸收的阳离子总量包括交换性盐基（K^+、Na^+、Ca^{2+}、Mg^{2+}）和水解性酸，两者的总和即为阳离子交换量。其交换过程是土壤固相阳离子与溶液中阳离子起等量交换作用。阳离子交换量的大小，可以作为评价土壤保水保肥能力的指标，是改良土壤和合理施肥的重要依据之一。

称取过 60 目（250μm）筛的风干土样 2.000g（精确到 0.001g），将放入 100mL 离心管中。沿离心管壁加入少量乙酸铵液，用带橡皮头玻璃棒充分搅拌，使样品与乙酸铵充分混合，直到整个样品呈均匀的泥浆状态。再加乙酸铵溶液使总体积约 60mL，并充分搅拌均匀，然后用乙酸铵溶液洗净橡皮头玻璃棒。将离心管在粗天平上成对平衡，对称放入离心机中离心 3~5min，转速 3000~4000r/min，弃去离心管中的清液。然后将载土的离心管管口向下用去离子水冲洗外部，用少量不含铵离子的 95% 酒精反复冲洗 3~4 次，洗去过剩的铵盐，洗至无铵离子反应为止。最后用水冲洗管外壁后，在管内放入少量去离子水，并搅拌成糊状，用去离子水把泥浆洗入 150mL 凯氏瓶中，并用去离子水擦洗离心管的内壁，使全部土壤转入凯氏瓶内，加 2mL 液状石蜡和 1g 氧化镁。然后在定氮仪进行蒸馏，同时进行空白试验。每组测量三次，取平均值[132]。

3.2.4 土壤可交换酸

交换性酸是对作物最有害的一种土壤酸度形态，它的存在表明土壤中交换性盐基十分贫乏，而代替他们位置的是交换性氢和铝，故交换性酸可作为改良酸性土壤时确定石灰施用量的重要参考指标。

称取过 100 目（150μm）孔径的风干土样 10g（精确到 0.01g），放在已铺好滤纸的漏斗内，用氯化钾溶液少量多次地淋洗土壤样品，滤液盛接在 250mL 容量瓶中，近刻度时，用氯化钾溶液定容。吸取 100mL 滤液于 250mL 锥形瓶中，低温煮沸 5min，赶出二氧化碳，以酚酞作指示剂，趁热用氢氧化钠标准溶液滴定至微红色，记下氢氧化钠用量。另一份 100mL 滤液于 250mL 锥形瓶中，低温煮沸 5min，赶出二氧化碳，趁热加入过量氟化钠溶液 1mL，冷却后以酚酞作指示剂，用氢氧化钠标准溶液滴定至微红色，记下氢氧化钠用量。用同样方法做空白试验，分别记下氢氧化钠用量。每组测量三次，取平均值[132]。

3.3 土壤铅含量测定及形态顺序提取方法

3.3.1 土壤中铅含量测定方法

准确称取 0.5g 试样于 50mL 聚四氟乙烯坩埚中，用水湿润后加入 5mL 盐酸，于通风橱内的电热板上低温加热，使样品初步分解，当蒸发至 2~3mL 时，取下稍冷，然后加入 5mL 硝酸、2mL 氢氟酸、2mL 高氯酸，加盖后于电热板上中温加热 1h 左右，然后开盖，继续加热除硅，为了达到良好的除硅效果，应经常摇动坩埚。当加热至冒浓厚高氯酸白烟时，加盖，使黑色有机碳化物充分分解。待坩埚上的黑色有机物消失后，开盖驱赶白烟并蒸至呈黏稠状。视消解情况，可再加入 2mL 硝酸、2mL 氢氟酸、2mL 高氯酸，重复上述消解过程。当白烟再次基本冒尽且内容物呈黏稠状时，取下稍冷，用水冲洗坩埚盖和内壁，并加入 1mL 硝酸溶液温热溶解残渣。然后将溶液转移至 25mL 容量瓶中，加入 3mL 磷酸氢二铵溶液，冷却后定容，摇匀备测[132]。

3.3.2 铅形态顺序提取方法

试剂的配制如下：

（1）乙酸溶液：在 1L 聚乙烯容量瓶中加入约 0.5L 水，移取 25mL 乙酸，用水稀释至刻度线，摇匀。再从其中移取 250mL 于 1L 聚乙烯容量瓶中，用水稀释至刻度，摇匀。

（2）盐酸羟胺溶液：准确称取 34.75g 盐酸羟胺置于烧杯中，加入约 400mL 水溶解。溶解后移入 1L 聚乙烯容量瓶中，加 25mL 硝酸，用水稀释至刻度，摇匀。

（3）过氧化氢溶液：用硝酸调节过氧化氢溶液酸度 pH 值为 2~3，摇匀。

（4）乙酸铵溶液：准确称取 77.08g 乙酸铵置于烧杯中，加入约 800mL 水溶解，溶解后移入 1L 聚乙烯容量瓶中，用硝酸调节 pH 值至 2.0，用水稀释至刻度线，摇匀。

提取步骤如下：

第一步弱酸提取态。在聚乙烯离心管中称取 1g 样品，加入 40mL 乙酸溶液，摇匀后盖上盖子，在室温条件下振荡 16h，振荡完成后离心取上层提取液，放于冰箱保存。将离心管中的土样进行清洗，加入 20mL 去离子水，盖上盖子后摇匀，振荡 15min 后离心，倒掉上层液体。

第二步提取可还原态。在之前的离心管中加入 40mL 盐酸羟胺溶液，摇匀后盖上盖子，室温下振荡 16h 后离心取上清液放于冰箱内待测。再次将离心管中的土样进行清洗，加入 20mL 去离子水，盖上盖子后摇匀，振荡 15min 后离心，倒掉上层液体。

第三步提取可氧化态，在离心管中分 3 次缓慢加入 10mL 过氧化氢，盖上盖子，在室温下每 10min 摇晃均匀，使其消化 1h。之后在 85℃±2℃ 的水浴锅中消化 1h，每 10min 摇晃均匀，去除盖子加热至离心管内体积少于 3mL，取出离心管，冷却至室温。再分 3 次小心加入 10mL 过氧化氢，继续在水浴锅中加热消化 1h，每 10min 手动摇晃一次，移除盖子加热至离心管中体积约 1mL，室温冷却。向离心管中加入 50mL 乙酸铵溶液摇匀，室温下振荡 16h 后离心取上层液体储存在冰箱中待测。再次将离心管中的土样进行清洗，加入 20mL 去离子水，盖上盖子后摇匀，振荡 15min 后离心，倒掉上层液体。

第四步提取残渣态。将离心管放入约 60℃ 的水浴锅中恒温加热至离心管中剩余物蒸干。将固体剩余物研磨后保存在干燥器中备用。分取 0.10g 固体剩余物，用盐酸-硝酸-氢氟酸-高氯酸混合酸溶解，测定其中 Pb 含量[132]。

3.4　土壤理化性质分析

本书实验所用土壤的基本理化性质见表 3-1。由表 3-1 可知原矿土、尾矿土及农田土 pH 值分别为 4.5、3.9、4.83，是酸性土壤，有机质影响土壤颗粒对重金属的吸附能力，对重金属有很大的吸附容量，原矿土、尾矿土有机质含量较低分别为 4.89g/kg、2.71g/kg。而农田土有机质含量较高达到 13.91g/kg，这可能是由于农田土施加肥料的影响。当金属离子浓度低时，则以配合、螯合作用为主，因其具有多种含氧功能团，如羟基、羧基、酮基等，容易与金属离子形成稳定的配合及螯合产物[133]。原矿、尾矿土因含有较低的有机质，与重金属发生反应的含氧功能团较少，故原矿和尾矿两种土壤对重金属的吸附量较小，而农田土壤对重金属吸附较强。阳离子交换量（CEC）用来表示土壤胶体的代换能力，其值越高，代换能力越强，通过静电引力吸附的重金属越多[134,135]，原矿土、尾矿土和农田土中 CEC 较低，土壤的代换能力较低。

土壤中 Pb 含量最高为农田土壤，达到 160.00mg/kg，远高于其他两种土壤中 Pb 含量，尾矿土壤 Pb 含量为 85.83mg/kg，而原矿土壤中 Pb 含量也达到 53.33mg/kg，三种土壤中 Pb 含量高于国家二级标准，这说明在离子型稀土矿区 Pb 污染已经扩散至周边农田土壤中。

表 3-1　土壤的基本理化性质

土壤	pH 值	有机质 /g·kg^{-1}	阳离子交换量 /mmol·kg^{-1}	交换性酸 /mmol·kg^{-1}	Pb /mg·kg^{-1}
原矿土	4.50	4.89	55	34.6	53.33
尾矿土	3.90	2.71	78	65	85.83
农田土	4.83	13.91	81	10	160.00

3.5　稀土土壤主要成分分析

由表 3-2 和表 3-3 可知，龙南足洞稀土矿为风化壳淋积型高钇型重稀土矿土壤，其原矿含内源性稀土元素品位偏低，且稀土矿中大部分稀土元素一般都以正三价的离子态存在[136]。龙南离子型稀土矿矿床矿物为石英、云母以及黏土矿物，其中黏土矿物质为稀土离子附着的主要载体。当离子型稀土土壤受外界条件的影响时，稀土离子被活化和释放，能够通过扰动其在土壤液相与固相浓度之间的平衡与其他离子发生一系列的物理化学反应。当土壤吸附铅离子时，稀土中伴生重金属离子如 Ca^{2+}、Mg^{2+}、K^+、Na^+ 及稀土离子如 Y^{3+}、La^{3+} 等，会与重金属离子同时竞争吸附位点。

表 3-2　稀土原矿土壤主要化学组成成分

元素	RE	SiO$_2$	Fe	Mg	Ca	Al	其他化学成分
含量/%	0.122	60.4	0.57	0.57	0.32	14.66	20.35

表 3-3　稀土元素主要成分含量　　　　　　　　（mg/kg）

样品	Y$_2$O$_3$	La$_2$O$_3$	CeO$_2$	Pr$_6$O$_{11}$	Nd$_2$O$_3$	Sm$_2$O$_3$	Eu$_2$O$_3$
原矿	541	91.5	46.7	35.4	165	82.3	1.39
尾矿	70.0	3.42	44.2	1.44	7.54	9.73	<0.1

样品	Dy$_2$O$_3$	Ho$_2$O$_3$	Er$_2$O$_3$	Tm$_2$O$_3$	Yb$_2$O$_3$	Gd$_2$O$_3$	
原矿	112	21.1	67.4	10.1	73.4	87.8	
尾矿	11.4	2.53	9.43	1.60	12.1	7.03	

由表 3-3 可以得出，稀土矿区原矿稀土离子含量排序为 $Y_2O_3 > Dy_2O_3 >$（Yb_2O_3、Er_2O_3）>（Gd_2O_3、CeO_2、Nd_2O_3）> $Sm_2O_3 >$（La_2O_3、Ho_2O_3、Tb_4O_7）>（Pr_6O_{11}、Tm_2O_3、Lu_2O_3）> Eu_2O_3。其中 Y_2O_3 及 Dy_2O_3 含量远远高于其他稀土元素，Eu_2O_3 未检出。中、重组的稀土含量呈现出的趋势相同，中稀土组表现为 $Dy_2O_3 > Gd_2O_3 > Sm_2O_3 > Tb_4O_7$；重稀土组表现为 $Y_2O_3 >$（Yb_2O_3、Er_2O_3）> $Ho_2O_3 > Tm_2O_3$；尾矿与原矿稀土含量对比发现，重稀土减少明显，这说明在稀土矿山开采过程中，主要是重稀土被析出。

3.6　研究方法

3.6.1　吸附等温实验

精确称取原矿土、尾矿土各 0.200g 于 50mL 的离心管中，分别向离心管中加入 20mL、pH 值为 5 且浓度不同的 Pb 溶液。根据预实验，Pb 溶液浓度具体设置为：原矿土、尾矿土设置初始浓度为 10mg/L、20mg/L、40mg/L、60mg/L、80mg/L、100mg/L、120mg/L。在 25℃±1℃ 下恒温振荡 24h，每个实验处理重复三次。5000r/min、10min 离心后，用 0.45μm 的水系滤膜过滤，用原子吸收分光光度法测定 Pb 的浓度[12]。

3.6.2　吸附动力学实验

分别称 2.500g 原矿、尾矿土，还有量取 250mL 四种不同浓度且 pH 值为 5 的

Pb 溶液，同时放入在四个 500mL 锥形瓶中，混合均匀。在 25℃±1℃下恒温振荡反应，分别在 5min、15min、30min、40min、50min、90min、120min、130min、150min 对原矿土、尾矿土取样两次；离心和测 Pb 浓度的方法如同吸附等温实验（第 3.6.1 节）[12]。

3.6.3 解吸实验

解吸实验分为吸附和解吸两个过程，吸附方法和上述方法一致，解吸实验采用 HNO₃ 解吸和 EDTA 解吸两种方法，HNO₃ 解吸实验是移出吸附样品后，再分别加入 20mL 0.1mol/L HNO₃ 溶液。EDTA 解吸实验是移出吸附样品后，再分别加入 20mL 0.1mol/L EDTA 溶液。在 25℃±1℃下恒温振荡 24h，使溶液达到吸附平衡。离心和测 Pb 浓度的方法同第 3.6.1 节[12]。

3.6.4 两元重金属竞争吸附实验

在探究 Pb 与 Cu、Cd 两元重金属溶液的竞争吸附过程中，向 50mL 塑料离心管中准确称取 0.200g 土壤，分别加入 pH 值为 5 的 Pb 与 Cu、Pb 与 Cd 混合溶液，其浓度分别为 40mg/L、80mg/L、100mg/L 的溶液 20mL。在恒温（25℃±1℃）下振荡 24h，使溶液达到吸附平衡。余下步骤同第 3.6.1 节[12]。

3.6.5 三元重金属竞争吸附实验

在探究三元重金属竞争吸附实验过程中，采用 Cu、Cd、Pb 三者组合为三元重金属溶液。向 50mL 塑料离心管中准确称取 0.200g 土壤，分别加入 pH 值为 5 的三者组合后的溶液浓度分别为 40mg/L、50mg/L、60mg/L 的溶液 20mL。余下步骤同第 3.6.1 节[12]。

3.6.6 铅老化过程实验

准确称取经预处理的土壤样品 1kg，置于 1L 的烧杯中，外源重金属以 Pb(NO₃)₂ 溶液加入，添加水平为 500mg/kg，添加后土壤中 Pb 含量为 639.05mg/kg。加入方法采用逐级加入的方法，先将 Pb(NO₃)₂ 溶液和少量土壤混合，再将少量的土和大量土壤混合，最终完全混合。添加完成后烧杯用打孔的塑料纸包裹以保持通风，置于恒培养箱中，培养温度设定为 25℃。培养过程中采用定量法定期补充去离子水保持土壤含水率为 18%。培养实验设置两个重复试验。

取样时间为加入重金属后 5min、30min、60min、2h、5h、10h、1d、3d、5d…60d，取样前充分混合土壤使其浓度保持一致，每次取土壤 1.22g（干土壤 1g），放入 100mL 离心管中，对其进行形态分析[10]。

3.6.7 淋溶实验装置及酸雨配置

模拟酸雨淋滤实验装置（见图3-2），采用250mL医用吊瓶作为进液器，用直径为5.50cm、高为15cm的吊桶瓶作实验土柱，用500mL聚乙烯瓶收集淋出液。其中各个部分用输液管连接。

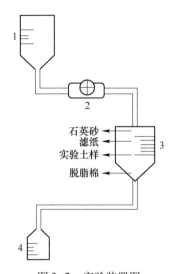

图3-2　实验装置图

1—进液器；2—调节阀；3—实验土柱；4—集液器

酸雨的配置：用3.7g KCl、0.46g NaCl、1.55g $CaCl_2$、1.4g NH_4Cl 在1L容量瓶定容。实验中重金属污染培养采用外源添加相对应的重金属盐溶液。

响应曲面法设置降雨强度、模拟酸雨pH值和土样初始Pb浓度三个因素，降雨强度分年平均降雨量1587mm、枯水期（12月至次年2月）203.50mm、汛期（4~6月）700.50mm[137]。实验土柱的淋滤液用量等比例缩小，实验一天相当于实际情况中一月的降雨量。用土柱底面积换算成实验中淋滤液用量 Q 为241.50mL/d、109mL/d、374mL/d。

$$Q = \alpha A h$$

式中，α 为径流损失系数，取0.70；A 为淋溶柱底面积；h 为月平均降雨量。

3.6.8 酸雨淋溶实验

根据赣南地区实际情况，模拟酸雨pH值为4.50、5、5.50；土样添加外源铅离子培养铅浓度为100mg/kg、300mg/kg、500mg/kg。连续12天相当于实际情况中一年。每天收集淋出液，过滤后用原子吸收分光光度法测淋出液中铅浓度。原子吸收测量出的铅浓度单位为μg/mL，与每天淋出液量、土样0.20kg经过计算得出每天淋出铅在 0.20kg 土样中的含量（mg/kg）。进行重复实验，实验结果取两次平均值[13]。

3.6.9 硫酸铵淋溶实验

称取 0.2kg 先前培养好的土样（100.00mg/kg、300.00mg/kg、500.00mg/kg），并置于实验土柱中。查询相关文献发现[13,109,110]，根据对硫酸铵浸出工艺的优化研究表明，在使用 2.00% 硫酸铵溶液作为浸矿剂浸取离子型稀土矿时，硫酸铵溶液采用 2.00% 时即可使采矿的效率和结果最好。所以在实验时选择（NH$_4$）$_2$SO$_4$ 浓度，根据实际情况，选择在 1.00%～3.00% 之内的（NH$_4$）$_2$SO$_4$ 溶液，配制浓度为 1.00%、2.00%、3.00% 的硫酸铵溶液，以每天 100.00mL 的淋滤量，对实验土柱进行淋滤实验。收集淋出液的周期是 24h，之后及时利用原子吸收测出渗滤液中的铅离子浓度，随后计算出具体的淋出铅浓度。本次实验中的三个变量，硫酸铵浓度为 1.00%、2.00%、3.00%，其他的变量分别为实验时长 4d、8d、12d，土壤外源铅培养浓度 100.00mg/kg、300.00mg/kg、500.00mg/kg[13]。

3.6.10 凹凸棒石对酸雨淋滤作用实验

每个实验土柱中添加培养的 Pb 污染农田土壤和凹凸棒石混合均匀的实验土样。每 200.00g 培养土样搭配 2.00%、6.00%、10.00% 凹凸棒石。混合后的土样放置稳定 1 个月。稳定结束后，配制 pH 值等于 5.00 的模拟酸雨，以每天 100.00mL 的淋滤量，对实验土柱进行淋滤实验，每天定时收集淋出液，测定淋溶出来的液体含量，再用原子吸收仪器测出淋出液的铅离子浓度。凹凸棒石与实验土样的关系比为质量比。其他的变量分别为实验时长 4d、8d、12d 和土壤外源铅培养浓度 100.00mg/kg、300.00mg/kg、500.00mg/kg[13]。

4 稀土矿区土壤中铅的吸附-解吸特性

为探明离子型稀土矿区土壤（原矿土、尾矿土）对 Pb 的吸附-解吸特性，采用振荡平衡法研究原矿土和尾矿土对 Pb 的等温吸附过程，用数学模型模拟其吸附动力学过程，采用 HNO_3 和 EDTA 两种解吸剂分析 Pb 的解吸特性。实验结果表明，在吸附等温曲线上，两种土壤对 Pb 的吸附量：尾矿土大于原矿土；同时，Langmuir 模型可很好地模拟 Pb 在原矿土、尾矿土的等温吸附过程。在吸附动力学曲线上，Pb 在原矿、尾矿土中的吸附在快速吸附阶段为 $0 \sim 60min$，之后吸附进入慢速吸附阶段；准二级动力学模型适合描述 Pb 在原矿、尾矿土中的吸附动力学特征。HNO_3 和 EDTA 解吸 Pb 都有相同的变化规律，随着平衡浓度的增加，Pb 解吸量也增加。另外通过计算 R^2 的值可以判断出 HNO_3 解吸 Pb 符合二次多项式函数，EDTA 解吸 Pb 符合幂函数[12]。

4.1 反应条件设计

实验中主要考虑了溶液 pH 值、水土比、反应时间、腐殖酸、温度等因素对吸附过程的影响，根据研究对象的不同调整实验条件，具体见表 4-1。

表 4-1 土壤对 Pb 吸附法的反应条件

考察对象	pH 值	水土比	腐殖酸	温度/℃	反应时间/h
pH 值	$3 \sim 8$	100∶1	不添加	25	24
水土比	5	$20∶1 \sim 200∶1$	不添加	25	24
腐殖酸	5	100∶1	$5\% \sim 30\%$	25	24
温度	5	100∶1	不添加	$25 \sim 55$	24

4.2 原矿土、尾矿土对铅的等温吸附分析

4.2.1 铅在两种土壤的等温吸附线

吸附等温线是在某一的特定温度下，土壤对重金属吸附量的曲线图，吸附等温线型分为四大类："L"型（Langmuir-shaped）、"H"型（High-affinity）、"C"型（Constant partition）、"S"型（Sigmoidal-shaped），其中不同曲线的形态和变化规

律反映吸附量和吸附质相互影响的相关情况。原矿土和尾矿土中 Pb 吸附等温线如图 4-1 所示，其中横纵坐标分别代表的是 Pb 在原矿土、尾矿土中吸附达到平衡时的浓度和土壤吸附 Pb 的含量。Pb 在原矿土、尾矿土的最大吸附量分别为 1.43mg/g、2.48mg/g，按照等温线形状分为"H"型、"L"型、"C"型、"S"型，Pb 在土壤上的吸附等温线属于"S"型，浓度 c_e 在 30~40mg/L 范围，q_e 迅速上升。

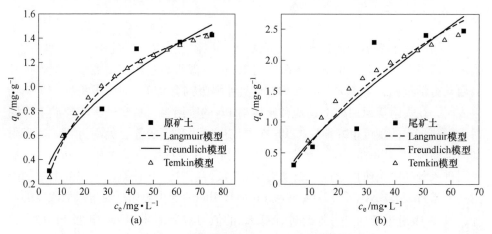

图 4-1 原矿土和尾矿土中 Pb 吸附等温线

(a) 原矿土；(b) 尾矿土

从实验结果中得出，两种土壤对 Pb 的吸附容量大小为尾矿土>原矿土。这是因为土壤表面的不均一性，存在两类不同的吸附位点，即高能结合位点与低能结合位点[138]。低浓度重金属首先与土壤的高能吸附位点结合，土壤对重金属的亲和力较大能快速被吸附；随着重金属浓度的增加，与土壤的高吸附位点结合呈现饱和后才依次与低能吸附位点结合，这时重金属离子很难撞到表面吸附位上，最终使土壤中与溶液中重金属浓度形成动态平衡[139,140]。在低浓度下土壤对重金属的吸附主要与重金属的初始浓度有关，土壤表面的吸附位较多且主要是以专性吸附为主。随着重金属平衡浓度的增加，专性吸附点位逐渐饱和，此时非专性吸附的能力增加，吸附点位相对减少，从而导致不同土壤对重金属的吸附能力显现差异。

4.2.2 铅的吸附等温拟合

用常用的 Langmuir、Frundlich、Temkin 对吸附等温线拟合，以上三种方法的具体结果详细见表 4-2。在 Langmuir 模型中比较 R^2 可知，可以很好地用于拟合原矿、尾矿土对 Pb 的吸附过程快慢等特征，其中 R^2 的值都大于 0.930，吸附过程一般是在单层表面发生。由 q_m 得出尾矿 Pb 的吸附容量大于原矿，拟合得到的结果与实际测试的结果相一致。土壤吸附 Pb 的 K_F 值均是尾矿土小于原矿土，其中 K_F 值可间接表征吸附量。$1/n$ 的值与重金属的亲和力呈现负相关。

表 4-2　Pb 在原矿土和尾矿土中等温吸附方程拟合参数

土壤	Langmuir 模型			Freundlich 模型			Temkin 模型		
	q_m/mg·g^{-1}	K_L	R^2	K_F	$1/n$	R^2	q_m/mg·g^{-1}	K_t	R^2
原矿	1.998	0.035	0.951	0.174	0.499	0.942	−0.372	−0.416	0.938
尾矿	6.298	0.011	0.821	0.119	0.750	0.806	−1.315	−0.899	0.767

　　土壤理化性质对与分析土壤吸附重金属是不可忽略的要素。大量有关理化性质的研究表示，影响吸附量最主要的因素可以通过控制变量的方法找到。Arias 等人[141] 研究结果表明，影响土壤吸附铜和锌的因素有两个，分别为酸碱度和阳离子交换量。Saada 等人[142] 提出在大多的土壤环境下，很大程度上有机质将会是决定吸附量变化情况的一个关键条件。Galunin 等人[143] 针对废弃煤矿土理化性质与 Cd 吸附情况的关系进行实验，得出土壤 pH 值、零点电位及其中镉离子含量会对 Cd 吸附的快慢、大小等情况产生影响。

4.2.3　铅在两种土壤的动力学吸附

　　土壤吸附重金属的动力学曲线即吸附量随时间变化的曲线，其中横纵坐标分别代表的是振荡时间即土壤吸附时间、土壤吸附重金属含量（见图 4-2）。根据两种土壤对 Pb 的动力学吸附情况，还有吸附速率和曲线的变化趋势，将重金属吸附在土壤上呈现先后两个形态，首先出现的是快速吸附，之后是缓慢吸附。Pb 吸附的较快情况为 0~60min，之后 Pb 的吸附速度变为缓慢。

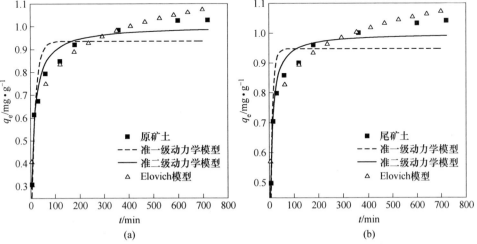

图 4-2　动力学模型描述原矿土和尾矿土对 Pb 吸附情况

（a）原矿土；（b）尾矿土

通过吸附动力学三种方法对原矿土和尾矿土中重金属的吸附速度等情况拟合，比较出最优拟合方法。详细参数参照表 4-3。准二级动力学方程拟合的 R^2 都超过了 0.94，并且其中前两种方法 q_e 比较相近，由此可见，准二级更适合解释 Pb 在两种土壤的吸附过程，其中，原矿、尾矿土壤中重金属的容量随着 K_2 绝对值的增加而增加，然后趋于稳定。从表 4-3 中对比发现，尾矿土 K_2 值大于原矿土，故尾矿土吸附 Pb 达到吸附平衡的时间小于原矿土。由于化学键会对准二级动力学的吸附有干扰，从而判断化学吸附过程将会影响离子型稀土对重金属的吸附。在实地调查和实验研究中发现，消除化学吸附是离子型稀土矿区土壤去除重金属 Pb 的基础方法。

表 4-3　动力学方程拟合土壤对 Pb 吸附的相关参数

土壤	准一级动力学方程			准二级动力学方程			Elovich 方程		
	q_e/mg·g^{-1}	K_1	R^2	q_e/mg·g^{-1}	K_2	R^2	A	K_t	R^2
原矿	0.935	0.058	0.850	1.001	0.083	0.962	0.192	-0.135	0.945
尾矿	0.948	0.107	0.752	1.000	0.165	0.942	0.407	-0.102	0.947

4.2.4　铅在两种土壤的扩散模型

颗粒内扩散模型一般适用于物质在颗粒内部扩散的动力学计算研究中，其中有三种机制，前两种机制对吸附速率产生影响[144]。第一步为膜扩散机制，重金属从溶液中向土壤表面扩散；第二步为表面吸附机制，重金属经过空隙和表面扩散至土壤结构内部；第三步为内表面扩散机制，重金属与土壤结合位点牢固结合即完成了吸附[145~147]。

原矿土、尾矿土对重金属吸附的颗粒内扩散模型拟合的数据具体见表 4-4。两种土壤都包括 3 种吸附机制，其 K_{pi} 越大吸附速率越快，即大小为：第一阶段 > 第二阶段 > 第三阶段。在颗粒内扩散模型中比较 K_{pi} 的值能够模拟原矿土和尾矿土对重金属的吸附，可知尾矿土吸附速率比原矿土要快，这与实验结果相符。另外，两种土壤吸附重金属均在快速阶段吸附速率最快，原因是该阶段主要发生膜扩散。重金属主要覆盖在土壤表面的吸附位点上，且吸附速率的升高促进了重金属从溶液中向土壤表面的吸附位点移动。由此推断，主要在两种土壤的边缘和表面上吸附溶液中的重金属。吸附过程为内扩散时第一段的直线过点 (0, 0)。从表 4-4 中可以看出，直线都不过原点 ($C \neq 0$)，说明两种土壤对重金属的吸附过程不仅受颗粒内扩散机理控制，也可能受边界层扩散等其他机理的控制。

表 4-4 颗粒内扩散方程计算土壤对 Pb 吸附的相关参数

土壤	第一阶段			第二阶段			第三阶段		
	K_{p1}	C_1	R^2	K_{p2}	C_2	R^2	K_{p3}	C_3	R^2
原矿	0.114	0.094	0.875	0.022	0.621	0.972	0.006	0.879	0.934
尾矿	0.093	0.309	0.959	0.017	0.719	0.970	0.005	0.901	0.987

4.3 铅在两种土壤的解吸特性

在解吸平衡的条件下，当重金属离子浓度 c_e 大小的改变，一般会影响到解吸能力 q_e。如图 4-3 所示，两种解吸剂都有相同的变化规律，平衡浓度和 Pb 解吸量同时增加。HNO_3 或 EDTA 作为解吸剂时，对不同的土壤有不同的特点，原矿土与尾矿土用 HNO_3 作为解吸剂时对 Pb 解吸量略大于 EDTA。Pb 在原矿土与尾矿土上的解吸量存在着相近的变化趋势。

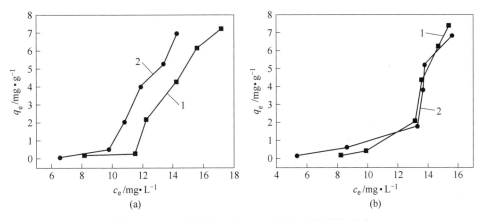

图 4-3 Pb 在原矿土和尾矿土中的解吸量趋势走向

（a）原矿土；（b）尾矿土

1—HNO_3；2—EDTA

当 Pb 解吸程度呈现连续向上的状态，表明 Pb 在矿区土中的解吸量与吸附量正相关。在低吸附区域时，解吸量较小，在高吸附区域时，解吸量较大。主要原因是，当 Pb 浓度较低时，Pb 占据着高能结合位点，土壤专性吸附 Pb。在已经饱和的情况下，原矿土和尾矿土中非专性吸附 Pb 的效果减低，解吸效果将会有所提升。由于 EDTA 本身含有直接置换 Pb 的 Na，并且，EDTA 是很强的螯合剂，能将部分被其他螯合剂吸附或螯合的土壤，因此 EDTA 作为土壤中重金属的修复。

隔膜电解法可以处理含 Pb 的 EDTA 废水。废水的 pH 值可以用硫酸进行调节，强酸条件下 EDTA 可以沉淀析出，这种方法可以回收废水中的金属和 EDTA。

重金属的解吸和吸附有着密不可分的关系。为了了解不同的土壤，Pb 的解吸量和吸附量之间相互影响的情况，发现二次多项式函数适合描述 HNO_3 解吸 Pb，幂函数适合描述 EDTA 解吸 Pb。两种土壤中 Pb 的吸附量-解吸量的关系如图 4-4 所示。解吸剂对 Pb 的解吸函数见表 4-5。

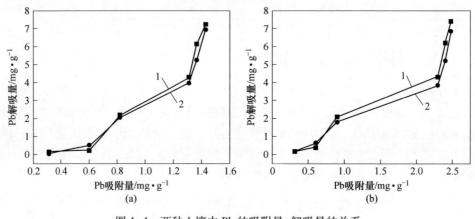

图 4-4　两种土壤中 Pb 的吸附量–解吸量的关系
(a) 原矿土；(b) 尾矿土
1—HNO_3；2—EDTA

表 4-5　解吸剂对 **Pb** 的解吸函数

土　壤	解吸剂	函　　数	R^2
原矿	HNO_3	$Y=5.161X^2-3.183X+0.658$	0.952
	EDTA	$Y=2.331X^{2.898}$	0.981
尾矿	HNO_3	$Y=0.630X^2+1.072X-0.107$	0.926
	EDTA	$Y=1.411X^{1.567}$	0.966

4.4　不同环境条件对铅吸附的影响

4.4.1　pH 值对铅吸附的影响

根据 Pb 在不同 pH 值条件下发生不同的物理化学反应，设定 Pb 吸附实验 pH 值范围为 3~8，图 4-5 是不同 pH 值下土壤对 Pb 吸附的影响，原矿土、尾矿土在不同 pH 值条件下对 Pb 吸附影响呈现一定的规律性，随着 pH 值的增加吸附量呈现先增加后下降的趋势。pH 值为 6 时两种土壤对 Pb 的吸附量达到最大，而在 pH 值为 3 时吸附量最小，说明强酸性条件下不利于重金属的吸附。原矿土、尾矿土对 Pb 的吸附量分别为 1.35mg/g、1.17mg/g。

一般地，土壤对重金属的吸附随着溶液 pH 值的增加而增加，这与土壤表面含有大量的活性吸附位有关。在较低 pH 值下，正电荷 H^+、Fe^{3+}、Al^{3+}、Mg^{2+} 与 Pb^{2+} 发生竞争吸附，降低了对 Pb 的吸附能力。pH 值升高吸附量上升的原因主要有：（1）OH^- 增加削弱了 H^+、Fe^{3+}、Al^{3+}、Mg^{2+} 对交换点位的竞争；（2）随着 pH 值上升，Pb 易水解形成多种羟基配合物，如 $PbOH^+$、$Pb(OH)_2$、$Pb(OH)_3^-$、$Pb(OH)_4^{2-}$ 等，促进 Pb 专性吸附；（3）土壤中存在大量的硅烷醇、无机氢氧基和有机官能团等，这些表面官能团和边面断键的 -OH 功能团带负电荷，与 Pb 形成内圈化合物，即 $S-OH+M^{2+}+H_2O = S-O-MOH_2^+$，也会增加对 Pb 的吸附。

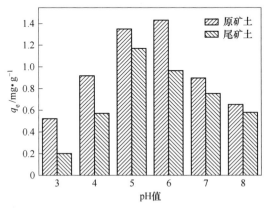

图 4-5　初始 pH 值对 Pb 吸附的影响

本书中利用 Visual MINTEQ 软件分析了不同 pH 值条件下 Pb 的形态分布。图 4-6 表示不同 pH 值条件下 Pb 的形态分布，pH 值小于 6 时以 Pb^{2+} 存在，随着 pH 值升高 Pb^{2+} 呈逐渐下降趋势。随着 pH 值上升，Pb 水解形成多种羟基配合物，且 $PbOH^+$、$Pb_3(OH)_4^{2+}$ 分别在 pH 值为 7.5 和 9 时出现峰值。此时土壤对 Pb 的吸附不仅有交换吸附的作用，还有晶种作用，加速氢氧化物沉淀物的沉降，并在沉降过程中发生共沉淀作用。

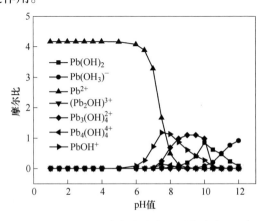

图 4-6　Pb 在水溶液中的形态分布

4.4.2 水土比对铅吸附的影响

水土比是影响土壤吸附重金属的重要因素，通过实验确定最佳水土比。由图 4-7 可知，两种土壤对 Pb 的吸附率随着水土比的升高而降低。原矿土和尾矿土在两种水土比条件下对 Pb 的吸附率低于 55%，且吸附率降低先快速后慢速。两种土壤在水土比为 20∶1 和 200∶1 时取得吸附率的最大值与最小值。按照水土比来比较两种土壤对 Pb 的吸附率，则吸附率的大小排列顺序为 20∶1>50∶1>100∶1>200∶1。按照吸附量来比较不同水土比条件下，两种土壤在相同 Pb 浓度下，对 Pb 的吸附量的大小排列顺序为尾矿土>原矿土。然而，随着土壤剂量的增加，单位质量的土壤对 Pb 的吸附量却逐渐减小，这是由于吸附剂的剂量较大时，土壤颗粒之间的胶结、絮凝作用越强烈，导致土壤表面与 Pb 的接触面积减小，因此单位质量土壤上的 Pb 吸附量相应减小。因此，综合考虑确定土壤与溶液的最佳比例为 100∶1。

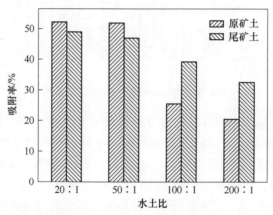

图 4-7　水土比对 Pb 吸附的影响

4.4.3 腐殖酸对铅吸附的影响

一般情况下，土壤对重金属的吸附量随有机质的增加而升高，但也有研究发现，有机质含量与吸附重金属的能力未发现明显相关性。胡宁静等人[148] 采用乌黄土和青紫泥为试验土壤，用 30% H_2O_2 去除有机质后对 Pb 进行吸附实验。结果表明，去除有机质后两种土壤对 Pb 的吸附量明显降低，说明有机质含量高对重金属的吸附量大[12]。

原矿土、尾矿土不加腐殖酸与加不同含量的腐殖酸对比分析，由图 4-8 可知，两种土壤加入腐殖酸的吸附量明显高于不加时的吸附量，且在腐殖酸含量为 5% 时吸附量达到最大。原矿土和尾矿土对 Pb 的吸附量分别为 4.45mg/g、4.67mg/g。腐殖酸含有羟基、羧基、甲氧基等活性官能团，与重金属发生专性吸附、配合、螯合等一系列反应，抑制或促进吸附[149]。由此可知，腐殖酸促进了原矿、尾矿土对重金属的吸附，有利于重金属固定在土壤中，降低对生态环境的危害。因此，为了防止稀土矿区重金属污染，在硫酸铵浸矿剂中加入一定量的腐殖酸。在开采过程中，腐殖酸与稀土矿土壤重金属形成稳定的化合物，降低了重金属在土壤中的生物利用性及其潜在危害，从而达到绿色提取的效果。

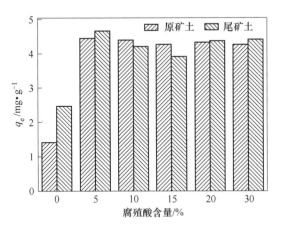

图 4-8 腐殖酸对 Pb 吸附的影响

4.4.4 温度对铅吸附的影响

吸附是个复杂的过程，伴随着体系能量的变化，因此温度对吸附过程产生的影响因土壤性质而异[150]。由图 4-9 可知，原矿土、尾矿土吸附 Pb 的吸附量随着温度的升高而增大。原矿、尾矿土的 $\Delta G > 0$，说明吸附是非自发的；$\Delta S < 0$，说明体系分子的排列是趋于有序排列的。原矿土 ΔG 的绝对值逐渐变大且 $\Delta H > 0$，说明吸附反应是吸热的，升高温度有利于吸附反应的进行。尾矿土 $\Delta H < 0$，说明在此土壤上吸附是放热的，升高温度有利于土壤表面的 Cu 向颗粒内部扩散，外层配合物向内层配合物转化，热力学不稳定态向稳定态转化。

Pb 在原矿、尾矿土的吉布斯自由能增大（$\Delta G > 0$）说明吸附是非自发进行的。$\Delta H > 0$，说明吸附反应是吸热的，升高温度有利于吸附反应的进行，ΔH 值小者吸附 Pb 所需热量较少。温度的变化会引起物理和化学吸附机制的变化，而化学吸附受温度影响更大，反应需要一定的活化能，温度升高能增大溶质分子的平均能量。通常情况下，物理吸附的自由能为 $-20 \sim 0\text{kJ/mol}$，化学吸附的自由能为 $-400 \sim 80\text{kJ/mol}$。两种土壤的 $2.172\text{kJ/mol} < \Delta G < 5.273\text{kJ/mol}$，说明吸附以化学吸附为主。$\Delta S$ 是土壤吸附 Pb 前后的混乱度或有序性的量度。$\Delta S > 0$，说明体系分子的排列是趋于随机、无序的。Pb 在两种土壤上的吸附热力学参数见表 4-6。

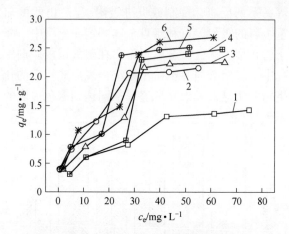

图 4-9 温度对 Pb 吸附的影响

1—原矿土（298K）；2—原矿土（313K）；3—原矿土（328K）；
4—尾矿土（298K）；5—尾矿土（313K）；6—尾矿土（328K）

表 4-6 Pb 在两种土壤上的吸附热力学参数

土　壤	温度/K	ΔG/kJ·mol^{-1}	ΔH/kJ·mol^{-1}	ΔS/J·(mol·K)$^{-1}$
原矿土	298	4.332	11.410	25.736
	313	2.172		
	328	3.560		
尾矿土	298	5.273	30.269	85.417
	313	2.616		
	328	2.711		

5 铅与多元重金属离子在土壤中的竞争特性

重金属离子在土壤介质环境中的吸附过程受多种环境因素的影响，例如重金属离子浓度、反应时间、pH 值、水土比、温度、腐殖酸等。另外，还受到土壤环境体系中离子间相互竞争的影响。在客观实际环境中，重金属污染不只是单一重金属的含量超过了环境阈值，而是多种重金属交互存在，相互影响其环境化学行为。目前，对于土壤环境中重金属污染的研究主要是对单一重金属在特定环境下环境行为的研究，而对多种重金属交互存在的复杂条件下重金属离子的竞争特性研究较少。

重金属离子在土壤环境中的迁移、赋存含量与其在水土介质中所占的比例关系密切相关，用分配系数（K_d）表征土壤系统对各种重金属的吸附能力大小的指标[151,152]。特别是在多种重金属竞争吸附的条件下，利用 K_d 来描述探究重金属离子在突变环境中的选择性顺序吸附尤为重要。

$$K_d = \frac{Q_e}{c_e} \tag{5-1}$$

式中，K_d 为分配系数；Q_e 为土壤吸附重金属的含量；c_e 为溶液中重金属离子的浓度。

5.1 多元重金属竞争吸附特性

5.1.1 两元重金属竞争吸附

实验中采用两种重金属初始浓度均为零，其目的是为了排除离子浓度差异对实验造成的干扰。根据吸附曲线的差异，对竞争体系中各重金属离子的吸附特性进行分析。Pb 与 Cu、Cd 两元复合条件下在不同土壤中的吸附特征及变化规律如图 5-1 和图 5-2 所示。

重金属在不同的共存体系中呈现不同结果，二元体系中 3 种重金属离子的吸附曲线可以看出绝大多数的线型极不规则[12]，这主要是因为离子间竞争吸附场位以及对抗作用引起的。重金属之间的竞争吸附效应与重金属离子浓度呈正相关。

Pb 在两种土壤中有相同的吸附特征，Pb 的吸附程度明显比 Cu、Cd 强烈，且 Pb 的竞争吸附能力在 Pb-Cd 系统中比在 Pb-Cu 系统中强。Pb 的吸附量随着平衡浓度的增加而增加，Pb 在两种土壤中的吸附量大小为：尾矿土 > 原矿土。

二元重金属体系中初始浓度比为 1∶1 时的竞争吸附行为，土壤对 3 种重金

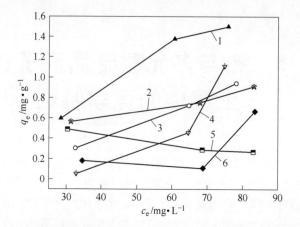

图 5-1　两元重金属在原矿土上的竞争吸附

1—Pb-Cd(Pb)；2—Pb-Cu(Pb)；3—Pb-Cu(Cu)；

4—Pb-Cd(Cd)；5—Cu-Cd(Cd)；6—Cu-Cd(Cu)

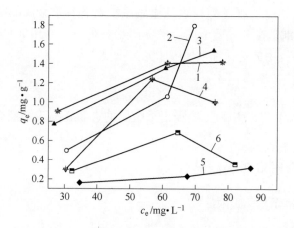

图 5-2　两元重金属在尾矿土上的竞争吸附

1—Pb-Cu(Pb)；2—Pb-Cu(Cu)；3—Pb-Cd(Pb)；

4—Pb-Cd(Cd)；5—Cu-Cd(Cu)；6—Cu-Cd(Cd)

属阳离子吸附量的大小顺序为：Pb > Cu > Cd。土壤对 Pb 和 Cu 的吸附量大于对 Cd 的吸附量，这也与文献上报道的绝大部分土壤中的情况相似。

土壤吸附重金属能力的大小用 K_d 值表征，K_d 值的大小与吸附能力的强弱呈正相关。由表 5-1 可知，在竞争系统 Pb+Cu 的混合液中，Pb 在两种土壤中的联合分配系数不小于 Cu，且 Pb 和 Cu 在尾矿土中的联合分配系数（0.04）远大于原矿土（0.022）。在 Pb+Cd 混合液中，Pb 在两种土壤中的联合分配系数不小于 Cd，在尾矿土、原矿土中的联合分配系数分别为 0.044 和 0.03，因此，在 Pb+Cu、Pb+Cd 这两种竞争体系中，尾矿土对这两种重金属的吸附能力均大于原矿土。且在 3 种竞争系统中，两种土壤中的分配系数 Pb > Cu > Cd，说明竞争吸附能力大小及优先选择顺序亦是如此。朱丽珺等人[153] 研究 Pb^{2+}、Cu^{2+}、Cd^{2+} 三种金属离子在胡敏酸上的两两同时竞争吸附，结果表明，竞争能力大小为 Pb^{2+} > Cu^{2+} > Cd^{2+}。

表 5-1 二元系统中各重金属的分配系数 K_{d80}

土 壤	两元金属溶液	K_{d80}			$K_{d\sum sp}$
		Pb	Cu	Cd	
原矿土	Pb+Cu	0.011	0.011	—	0.022
	Pb+Cd	0.023	—	0.007	0.03
	Cu+Cd	—	0.002	0.004	0.006
尾矿土	Pb+Cu	0.023	0.017	—	0.04
	Pb+Cd	0.022	—	0.022	0.044
	Cu+Cd	—	0.003	0.011	0.014

5.1.2 三元重金属竞争吸附

本实验的三元重金属溶液是 Cu、Cd、Pb 三者组合。向 50mL 塑料离心管中准确称取 0.200g 土壤，分别加入 pH 值为 5 的三者组合后的溶液浓度分别为 40mg/L、50mg/L、60mg/L 的溶液 20mL。余下步骤同第 5.1.1 节。原矿土、尾矿土对三元重金属的吸附特征及变化规律如图 5-3 和图 5-4 所示。由图可知，在低浓度时两种土壤对 Pb 的吸附量最大，随着吸附浓度的升高，吸附量逐渐下降。Pb 在原矿土的吸附量由 0.49mg/g 降到 0.29mg/g，Pb 在尾矿土中的吸附量由 0.59mg/g 降到 0.33mg/g。而 Cu、Cd 在两种土壤的吸附量是先上升后下降且都

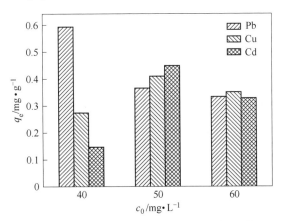

图 5-3 三元重金属在原矿土上的竞争吸附

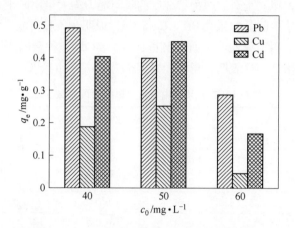

图 5-4 三元重金属在尾矿土上的竞争吸附

有一个峰值。由此可知，初始浓度为 40mg/L 时有利于土壤对 Pb 的吸附，初始浓度为 50mg/L 时有利于土壤对 Cu、Cd 的吸附。

据表 5-2 所示，Pb-Cu-Cd 三元竞争体系中，原矿土中 Pb、Cu、Cd 的分配系数分别为 0.023、0.005、0.013；尾矿土中 Pb、Cu、Cd 的分配系数分别为 0.029、0.008、0.005。因此，本实验研究过程中，重金属吸附的尾矿土重金属的选择顺序为 Pb > Cu > Cd，对于原矿土的选择顺序为 Pb > Cd > Cu。重金属在土壤中的选择吸附顺序不仅与重金属本身的物理化学性质有关，也与土壤中各种矿物组成和有机质含量有关。

原矿土与尾矿土中 Pb-Cu-Cd 三元竞争体系中各重金属离子的分配系数之和 $K_{d\Sigma sp}$ 分别为 0.041 与 0.042，两者相差不大，可以基本判断吸附在两种土壤中联合分配系数：尾矿土 > 原矿土。

表 5-2 三元系统中各重金属的分配系数 K_{d40}

土壤类型	K_{d40}				$K_{d\Sigma sp}$
	三元金属溶液	Pb	Cu	Cd	
原矿土	Pb+Cu+Cd	0.023	0.005	0.013	0.041
尾矿土	Pb+Cu+Cd	0.029	0.008	0.005	0.042

现将研究中涉及的 3 种重金属离子的物理化学特性及理论顺序选择总结于表 5-3 和表 5-4。三种离子在不同土壤中其竞争吸附能力不同，重金属优先吸附顺序主要与重金属的离子半径、电负性、水解常数、水合离子半径、荷径比等有关。相同价态的阳离子，离子半径越大，越易被土壤吸附[154]。对于二价的 Pb^{2+}、Cu^{2+}、Cd^{2+} 的离子半径大小分别为 0.119nm、0.073nm、0.095nm，故重金属理论选择顺序为 Pb > Cd > Cu。对于相同价态的阳离子，其水合离子半径越小越易被

土壤吸附，Pb^{2+}、Cu^{2+}、Cd^{2+}的水合离子半径大小分别为 0.401nm、0.419nm、0.426nm，故重金属理论选择顺序为 Pb > Cu > Cd。有些学者认为决定重金属选择吸附顺序的重要参数与电负性相关，金属离子的负性越大，离子的选择吸附性就越强。Pb^{2+}、Cu^{2+}、Cd^{2+}的电负性分别为 1.8、1.9、1.69，故重金属理论选择顺序为 Cu > Pb > Cd。

表5-3 重金属的基本物理化学特性参数

	离子半径/nm	电负性	水解常数 pK_1	水合离子半径/nm	荷径比
Pb	0.119	1.8	7.8	0.401	1.68
Cu	0.073	1.9	7.34	0.419	2.74
Cd	0.095	1.69	9.2	0.426	2.70

表5-4 重金属离子理论顺序选择

项 目	离子半径	电负性	水解常数 pK_1	水合离子半径	荷径比
重金属离子理论顺序选择	Pb>Cd>Cu	Cu>Pb>Cd	Cu>Pb>Cd	Pb>Cu>Cd	Cu>Cd>Pb

5.2 多元重金属离子竞争解吸特性

5.2.1 两元重金属离子竞争解吸

解吸实验由吸附、解吸两个过程组成。吸附方法同第 3.1.1 节中的步骤，解吸实验采用 HNO_3 解吸和 EDTA 解吸两种方法。HNO_3 解吸实验是移出吸附样品后，分别加入 20mL 0.1mol/L HNO_3 溶液。EDTA 解吸实验是移出吸附样品后，分别加入 20mL EDTA（0.1mmol/L），振荡 24h（25℃±1℃），使吸附平衡。离心 10min（5000r/min），上清液 0.45μm 的纳滤膜，然后用原子吸收分光光度法测定重金属浓度。

EDTA 萃取重金属优于其他酸洗技术。故以 EDTA 为解吸剂，研究两元、三元重金属的解吸特性。图 5-5 所示为两种土壤中 Pb-Cu、Pb-Cd 两元系统解吸量的变化曲线。由图 5-5 可知，土壤介质中重金属离子的解吸量与其平衡浓度成正比。Pb-Cu 系统中，两种土壤对 Pb 的解吸量大于 Cu；Pb-Cd 系统中，两种土壤对 Pb 的解吸量略高于 Cd，但相差不大。

Cu 和 Pb 比 Cd 的水解常数大，且与有机物的稳定性较高，因此，Pb 和 Cd 的亲和力要小于 Pb 和 Cu 的亲和力。在同一 pH 值条件下，重金属会与羟基离子生成配合离子（金属-羟基离子），配合离子较自由重金属离子与土壤结合能力更强，且与有机物结合稳定性较高，故不易解吸。

EDTA 具有很强的配合能力，能与重金属离子发生配合反应，形成稳定配合物，Cu-EDTA、Pb-EDTA 和 Cd-EDTA 的平衡常数分别为 19.7、19.0 和 17.4[155]。王显海等人[156] 研究两种尾矿土壤中 Cd、Zn、Cu、Pb 金属进行土壤柱萃取实验，研究采用 0.05mol/L EDTA 作为萃取剂，结果表明 EDTA 萃取效率的顺序为：Cd > Zn > Cu > Pb。

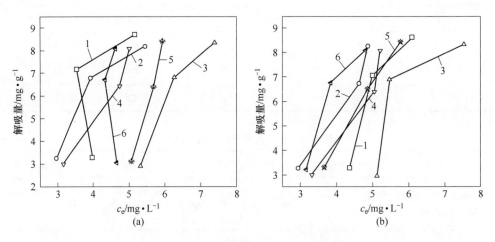

图 5-5 两元重金属在土壤中的竞争解吸

(a) 原矿土；(b) 尾矿土

1—Pb-Cu(Pb)；2—Pb-Cu(Cu)；3—Pb-Cd(Pb)；
4—Pb-Cd(Cd)；5—Cu-Cd(Cu)；6—Cu-Cd(Cd)

重金属固持重金属的能力（土壤对重金属亲和力）可以用重金属解吸时的分配系数 K_{d80} 来描述。从表 5-5 中可以看出，Pb-Cu 系统中，原矿土 Pb 的 K_d 值大于 Cu 的；Pb-Cd 系统中，两种土壤 Pb 的 K_d 值小于 Cd 的；Cu-Cd 系统中，两种土壤对 Cu 的 K_d 值小于 Cd，$K_{d\Sigma sp}$ 值大小比较：Pb-Cu > Pb-Cd。

表 5-5 二元系统中各重金属的解吸分配系数 K_{d80}

土壤	两元金属溶液	K_{d80}			$K_{d\Sigma sp}$
		Pb	Cu	Cd	
原矿土	Pb+Cu	2.028	1.736	—	3.764
	Pb+Cd	1.088	—	1.364	2.452
	Cu+Cd	—	1.130	1.554	2.684
尾矿土	Pb+Cu	1.413	1.458		2.871
	Pb+Cd	1.262	—	1.271	2.533
	Cu+Cd	—	1.337	1.760	3.097

5.2.2 三元重金属离子竞争解吸

Pb-Cu-Cd 三元系统在初始浓度为 40mg/L、50mg/L、60mg/L 时解吸量的变化如图 5-6 和图 5-7 所示。由图可知,土壤环境中重金属的解吸量与重金属的浓度成正相关,这是由于离子浓度越大,其相互之间的竞争越激烈。原矿、尾矿土壤中,Pb 的解吸量均小于 Cd 和 Cu,由此说明一定浓度时,Pb 的内圈配位物增多,或形成稳定的双核内圈配合物。

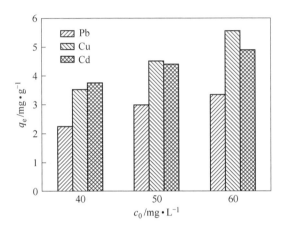

图 5-6　三元重金属在原矿土壤中的解吸

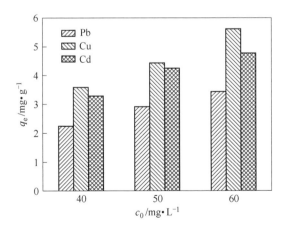

图 5-7　三元重金属在尾矿土土壤中的解吸

重金属固持重金属的能力(土壤对重金属亲和力)可以用重金属解吸时的分配系数 K_{d40} 来描述(见表 5-6)。由第 5.1.2 节可知,Pb-Cu-Cd 中,原矿土、尾矿土中分配系数：Cd > Cu > Pb，两种土壤 $K_{d\Sigma sp}$ 值大小为 4.11、4.459。土壤中重金属的解吸过程不仅与重金属本身的理化性质有关，也与土壤的组成和组分含量有关，原矿、尾矿土中砂粒含量较高。研究表明，重金属与黏粒形成的结合力要强于重金属与砂粒形成的结合力，故不易被解吸下来。

表 5-6　三元系统中各重金属的解吸分配系数 K_{d40}

土壤类型	K_{d40}				$K_{d\Sigma sp}$
	三元金属溶液	Pb	Cu	Cd	
原矿土	Pb+Cu+Cd	0.568	1.091	2.451	4.11
尾矿土	Pb+Cu+Cd	0.558	1.323	2.578	4.459

6 稀土矿区农田土壤中铅老化过程及形态转化规律

通过研究样区重金属污染现状的结果显示，以《土壤环境质量标准》（GB 15618—2018）土壤无机污染物土壤环境第二级标准为参考（pH<5.5），农田土壤 Pb 的超标率为 71.7%，已严重威胁到矿区周边居民的生产生活安全。第 2 章研究结果表明[10]，重金属随稀土母液释放至土壤环境中，然后随地表径流以水溶态发生迁移。因此本章选择 Pb 为研究对象，探究外源 Pb（水溶态）进入到土壤环境后，其在土壤环境中的赋存形态随着时间的变化规律，为研究样区 Pb 污染的控制和修复奠定基础。

外源重金属以水溶态进入土壤环境后，会在土壤介质中重新分配，随时间推移由活泼的赋存形态逐渐转化为较稳定的赋存形态。前期研究结果表明[12,108]，重新分配是一个长期的过程，同时受多种环境因素的影响，如土壤温度、含水率、pH 值、有机质含量、氧化还原电位、微生物活性等。离子型稀土矿区存在氮化物、稀土离子、多种重金属复合污染的环境现状，故研究采用响应曲面的研究方法，探究了硫酸铵、钇、铅浓度对 Pb 形态转化过程的影响。

6.1 矿区农田土壤中铅老化过程分析

6.1.1 农田土壤理化性质及内源铅的形态组成

农田土壤介质中内源 Pb 各形态含量分布见表 6-1 和图 6-1。Pb 总含量为 160.15mg/kg，超过土壤环境无机污染物二级标准（GB 15618—2018）2 倍，因此研究样区农田土壤 Pb 污染现状已非常严峻。Pb 在土壤介质中的主要赋存形态为可氧化态、残渣态，其含量分别为 92.60mg/kg、45.00mg/kg，弱酸提取态含量较少，可还原态次之。

表 6-1 原土壤中 Pb 各形态含量

原土壤	弱酸提取态	可还原态	可氧化态	残渣态	总 量
含量/mg·kg⁻¹	13.40	92.60	9.15	45.00	160.15±5
质量分数/%	8	58	6	28	100

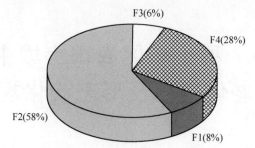

图 6-1　矿区周边农田土壤中内源 Pb 各形态质量分数

F1—弱酸提取态；F2—可还原态；F3—可氧化态；F4—残渣态

6.1.2　农田土壤中外源铅的老化过程

外源水溶态 Pb 进入农田土壤环境后，其形态转化过程如图 6-2 所示。外源添加重金属 Pb 后，总含量为 639.05mg/kg，其在土壤介质中的主要赋存形态为弱酸提取态和可还原态，可氧化态、残渣态含量较低，即外源 Pb 进入土壤环境

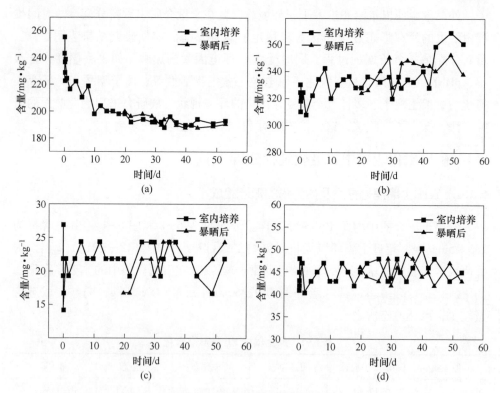

图 6-2　外源 Pb 形态转化过程

（a）弱酸提取态随时间的变化趋势；（b）可氧化态随时间的变化趋势；

（c）可还原态随时间的变化趋势；（d）残渣态随时间的变化趋势

后快速进行固液分配，以四种不同的形态存在于土壤环境中，且在短期内，土壤介质中外源重金属的老化过程主要体现在弱酸提取态向可还原态的转化。弱酸提取态是指以静电作用力吸附在土壤颗粒或沉积物表面的重金属，由于静电作用力比较弱，因此这部分重金属是土壤环境中活性最强的部分，对环境因子的变化也最敏感，极易被离子交换释放，也易发生化学反应转化为其他形态，其环境稳定性较差，相应的环境毒性、迁移性则较高，因此土壤介质中以弱酸提取态赋存的含量能够更好地来反映土壤环境重金属污染程度；可还原态重金属通常是指以离子键和土壤介质表面或者沉积物表面相结合的部分重金属，主要包括和氧化铁、氧化锰等组分相结合的重金属形态。土壤环境的氧化还原条件和酸碱程度对可还原态重金属的稳定性有着重要的影响，当土壤环境还原性增强时，重金属被还原释放，进一步危害环境。可氧化态指重金属与有机质活性基团发生配合反应生成的配合物以及与硫离子生成的硫化物，该形态重金属环境稳定性较强，活化过程缓慢，故其环境毒性较弱，但研究表明当土壤环境的氧化还原条件发生变化时，可氧化态重金属就会被释放而活化；残渣态重金属是重金属赋存形态中最稳定的部分，主要存在于硅酸盐晶格中，一般环境条件下不易被释放，土壤环境中沉积物的背景值通常是指残渣态重金属含量。

外源重金属进入土壤环境初期，四种赋存形态的重金属含量从大到小依次为弱酸提取态（242.84mg/kg）、可还原态（325.92mg/kg）、残渣态（47.73mg/kg）、可氧化态（25.56mg/kg），其所占比例分别为38%、51%、7%、4%，随着培养（老化）时间的推移，弱酸提取态逐渐转化为可还原态，可氧化态和残渣态含量变化幅度不大。由图6-2（a）可知，培养初期（10d），弱酸提取态重金属迅速向可还原态转化，从总含量的40%降至34%，随后下降速度逐渐降低，可还原态含量增加。故外源重金属以水溶态进入到土壤介质后，会有一个明显的老化过程，即从比较活泼的赋存形态（环境毒性高）向比较稳定的赋存形态（环境毒性低）转化的过程，且老化速率逐渐降低。这与 Gleyzes 和 Sparks 等人[157,158] 的研究结果基本一致。实验同时探究了阳光暴晒条件下对于外源重金属老化过程的影响，结果显示，影响不明显。

6.1.3 老化过程动力学模型拟合

土壤介质中重金属的老化是一个缓慢的过程，而吸附和沉淀是快反应过程，因此吸附过程和沉淀过程并不能有效地反映外源重金属在土壤环境中的老化。近年来，科研工作者对外源重金属在土壤环境中的老化过程、老化机制进行了深入研究，并利用多种模型对其进行动力学拟合，具体见表6-2。由图6-2可知，外源重金属进入土壤环境后，短期内（60d）形态转化过程主要表现为弱酸提取态向可还原态的转化，因此本研究采用土壤化学具有代表性的几种动力学模型对离子型稀土矿区农田土壤中外源 Pb 短期老化过程进行拟合，结果见表6-2。

表 6-2 老化过程动力学拟合

名　称	方　程	拟 合 参 数			
		a	b	R^2	SE
零级方程	$(1 - c_t/c_e) = a + bt$	0.1157	0.0037	0.6796	51.37279
一级方程	$\lg(1 - c_t/c_e) = a + bt$	-0.9446	0.0095	0.57861	12.67878
二级方程	$1/c_t = a + bt$	0.0045	2E-05	0.7203	10.48004
幂函数方程	$c_t = at^b$	216.58	-0.03	0.8695	10.83581
抛物扩散方程	$c_t/c_e = a + bt^{1/2}$	0.88431	-0.00734	0.66857	18.974
Elovich 方程	$c_t = a + b\ln t$	220.3	-7.7787	0.9679	3.2985

注：1. 在以上动力学模型中，c_t 为 t 时刻土壤中弱酸提取态 Pb 的含量（mg/kg）；c_e 为平衡时土壤中弱酸提取态 Pb 的含量（mg/kg）；a、b、k 为常数；

2. $\text{SE} = \left[\dfrac{\sum (c_t - c_t^*)^2}{n - 2} \right]^{1/2}$，其中 c_t 为实际测量值；c_t^* 为预测值；n 为数据个数。

拟合结果表明，Elovich 方程的拟合结果最佳，R^2 为 0.9679，SE 为 3.2985，幂函数方程次之，其余的动力学模型拟合效果较差。Elovich 方程是经验公式，描述的是反应体系中多个化学反应过程的总和。Elovich 方程对于离子型稀土矿区周边农田土壤中 Pb 老化过程拟合较好，说明该过程是非均相分散过程。水溶性重金属进入土壤环境后，依据不同的环境条件和反应时间，向不同路径转变，形成较稳定的赋存形态，最终达到动态平衡。已有研究结果表明，重金属在土壤环境中存在三种老化机制，即扩散作用、表面聚合沉淀和有机质包裹等作用[159~162]。Mclaughlin 等人[67] 研究结果显示，外源重金属进入土壤环境数秒至数小时，主要发生的是吸附过程，当金属浓度较大时，可能会发生表面沉淀，但对于较长时间的老化过程，可能存在的老化机制有：（1）有机质或矿物质表面的微孔扩散；（2）固态扩散进入矿物晶格；（3）土壤环境改变引起土壤氧化物的溶解或再沉淀，包裹金属离子；（4）金属离子和阴离子形成固相沉淀；（5）通过扩散或有机质包裹使重金属与有机质结合。Sparks[158] 提出了两种老化过程，一种是有机质或矿物质的表面聚集、沉淀，另一种是由表面向晶层内的转变、扩散。因此，在土壤重金属老化过程中，扩散作用、沉淀聚合作用、有机质包裹作用三种机制的主导地位还尚未明确。

6.2 矿区农田土壤中铅形态转化规律分析

6.2.1 实验方案设计

实验方法采用响应曲面法，设置三个控制因素，具体见表6-3。研究样区稀土矿为富钇稀土矿，因此稀土元素选择钇元素，硫酸铵、钇、铅添加的上下限均为 100mg/kg、500mg/kg。

表 6-3 实验因素及取值水平

因　素	单　位	下　限	上　限
NH_4^+-N	mg/kg	100	500
Y	mg/kg	100	500
Pb	mg/kg	100	500

称取 500g 风干土壤于 1L 塑料桶中，以硫酸铵作为外源 NH_4^+-N，氯化钇作为外源钇、硝酸铅作为外源 Pb，添加水平具体见表 6-4。采用逐级加入的方法，先将硫酸铵、氯化钇、硝酸铅混合溶液和少量土壤混合，再和大量土壤混合，直至完全混匀。添加完成后烧杯用打孔的塑料纸包裹以保持通风，置于恒培养箱中，培养温度设定为 25℃。培养过程中采用定量法定期补充去离子水保持土壤含水率为 18%。培养实验设置两个重复试验。第 4 章研究结果表明，外源重金属以水溶态进入土壤环境后短期内（60d）其老化过程主要体现在弱酸提取态向可氧化态的转化。培养初期（10d），弱酸提取态迅速转化为可还原态，随后转化速率逐渐降低，最后趋于平衡。因此本章将培养时间延长至 1 年。

表 6-4 实验因素及取值水平　　　　　　　　（mg/kg）

序　号	NH_4^+-N	Y	Pb
1	300	500	100
2	500	300	100
3	300	100	100
4	300	300	300
5	300	300	300
6	100	500	300
7	300	300	300
8	300	300	300
9	300	100	500
10	100	300	100
11	300	500	500
12	300	300	300

序　号	NH$_4^+$-N	Y	Pb
13	100	100	300
14	100	300	500
15	500	100	300
16	500	500	300
17	500	300	500

实验一：探究较长时间段内，硫酸铵、钇、铅浓度对 Pb 老化的影响。即添加外源重金属培养 1 年后，硫酸铵、钇、铅浓度对土壤介质中 Pb 形态分布（老化程度）的影响，同时监测其对土壤环境的影响。

实验二：探究硫酸铵、酸雨作用下，硫酸铵、钇、铅浓度对 Pb 活化的影响。研究样区重金属主要来源于硫酸铵对稀土矿伴生重金属的类活化反应，硫酸铵为主要的活化剂，同时酸雨也会促进重金属的进一步活化，因此选择硫酸铵、酸雨为活化剂，即添加外源重金属培养 1 年后，土壤介质中的重金属已趋于稳定化，然后采用平衡振荡实验，探究硫酸铵、钇、铅浓度对 Pb 活化的影响。

6.2.2　硫酸铵、钇、铅含量对土壤环境理化性质的影响

通过控制土壤环境中硫酸铵、钇、铅的含量，探究其对土壤环境的影响，对实验结果进行回归分析，建立硫酸铵、钇、铅含量对 pH 值的响应函数模型：

$$pH = 4.71463 - 7.7 \times 10^{-4}X_1 + 2.5125 \times 10^{-4}X_2 - 5.925 \times 10^{-4}X_3 + 1.06875 \times 10^{-4}X_1X_2 + 1.55 \times 10^{-6}X_1X_3 - 2 \times 10^{-6}X_2X_3$$

式中，X_1 表示 NH$_4^+$ 含量；X_2 表示 Y 含量；X_3 表示 Pb 的含量。单位均为 mg/kg。

表 6-5 为回归方程的显著性检验结果，P 值小于 0.05，因此，该响应函数模型具有高显著性。由于该模型具有较好的拟合度（$R^2 = 0.879$），误差较小，所以可以利用该模型对硫酸铵、钇、铅影响下的 pH 值进行预测和分析。图 6-3 为响应函数模型计算结果与实验结果的相关性，可以看出实验值和预测值基本相近，故响应实验模型能够很好地反映硫酸铵、钇、铅含量和 pH 值的关系[10]。

表 6-5　pH 值回归方程显著性检验

方差来源	平方和	自由度	均方	F 值	P 值
Model	0.12	6	0.02	12.11	0.0004
X_1	7.81×10^{-5}	1	7.81×10^{-5}	0.048	0.8309

方差来源	平方和	自由度	均方	F 值	P 值
X_2	0.084	1	0.084	51.57	<0.0001
X_3	0.011	1	0.011	6.92	0.0251
X_1X_2	7.31×10^{-5}	1	7.31×10^{-3}	4.5	0.06
X_1X_3	0.015	1	0.015	9.46	0.0117
X_2X_3	2.56×10^{-4}	1	2.56×10^{-4}	0.16	0.6998

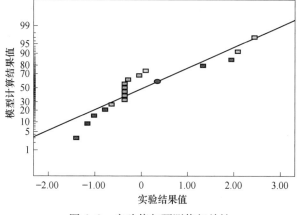

图 6-3　实验值与预测值相关性

　　pH 值是土壤环境的综合表征，是影响重金属元素发生形态变化的重要因素。它能够通过改变土壤介质的表面电荷，影响吸附-解析过程，同时也会影响重金属配合物、沉淀物的稳定性，pH 值越高，重金属的活性随之降低，环境毒性也就越低。硫酸铵、钇、铅含量对土壤环境 pH 值的影响如图 6-4 所示。硫酸铵和钇含量交互作用下对土壤环境 pH 值影响显示，当钇小于 300mg/kg，且其含量一定时，pH 值与硫酸铵的含量成反比，这是因为硫酸铵为强酸弱碱盐，硫酸铵的大量输入会导致土壤环境酸化，进而促进重金属元素的活化和迁移，加剧了研究样区重金属污染；当钇含量大于 300mg/kg，pH 值与硫酸铵含量成正相关；当硫酸铵含量一定时，钇含量越大，pH 值越高。钇和 Pb 含量交互作用下对土壤环境 pH 值作用结果显示，当钇含量一定时，Pb 含量越大，pH 值越低，重金属离子的输入能够使得土壤颗粒表面正电荷增加，导致部分 H^+ 的释放，进而影响土壤环境酸碱程度。硫酸铵和 Pb 含量交互作用下对土壤环境 pH 值的影响显示，在一定含量范围内，土壤环境 pH 值与硫酸铵和 Pb 含量均成反比。

　　通过控制土壤环境中硫酸铵、稀土、重金属的含量，探究其对土壤环境的影响，建立硫酸铵、钇、铅含量对氧化还原电位的响应函数模型：

$$E_h = 368.19191 + 0.19375X_1 + 0.14500X_2 + 0.22500X_3 -$$

$$2.875 \times 10^{-4}X_1X_2 - 4.0625 \times 10^{-4}X_1X_3 - 2.75 \times 10^{-4}X_2X_3$$

式中，E_h 为土壤环境氧化还原电位；X_1 表示 NH_4^+ 含量；X_2 表示 Y 含量；X_3 表示 Pb 的含量。单位均为 mg/kg。

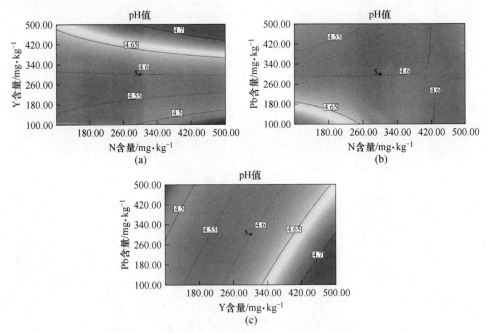

图 6-4　硫酸铵、钇、铅浓度对土壤 pH 值的影响

(a) 硫酸铵、钇对土壤 pH 值的影响；(b) 硫酸铵、Pb 浓度对土壤 pH 值的影响；
(c) Pb 浓度、钇对土壤 pH 值的影响

表 6-6 为回归方程的显著性检验结果，P 值小于 0.05，因此，该响应函数模型具有高显著性。由于该模型具有较好的拟合度（$R^2 = 0.8002$），误差较小，所以可以利用该模型对硫酸铵、钇、铅影响下的氧化还原电位进行预测和分析。图 6-5 为响应函数模型计算结果与实验结果的相关性，可以看出实验值和预测值基本相近，故响应实验模型能够很好地反映硫酸铵、钇、铅含量和氧化还原电位的关系。

表 6-6　氧化还原电位回归方程显著性检验

方差来源	平方和	自由度	均方	F 值	P 值
Model	2452	6	408.67	6.67	0.0047
X_1	66.13	1	66.13	1.08	0.3232

方差来源	平方和	自由度	均方	F 值	P 值
X_2	180.5	1	180.5	2.95	0.1167
X_3	136.13	1	136.13	2.22	0.1668
$X_1 X_2$	529	1	529	8.64	0.0148
$X_1 X_3$	1056.25	1	1056.25	17.25	0.002
$X_2 X_3$	484	1	484	7.91	0.0184

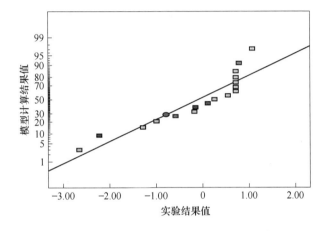

图 6-5 实验值与预测值相关性

土壤环境氧化还原电位是影响土壤介质中重金属离子环境化学行为的重要影响因素，重金属的赋存形态、离子浓度、化合价以及重金属在土壤溶液中的溶解度等都随氧化还原电位的变化发生改变，进而影响重金属的环境毒性。硫酸铵、钇、铅含量对土壤环境氧化还原电位的影响如图 6-6 所示。硫酸铵和钇含量交互作用下对土壤环境氧化还原电位影响显示，钇含量一定时，氧化还原电位与硫酸铵含量成反比，铵根离子具有还原性，铵根离子的大量输入会导致土壤环境还原性增强；高价态金属离子具有一定的氧化性，铅离子的输入会引起土壤环境氧化还原状况的改变，硫酸铵和铅含量交互作用下对土壤环境氧化还原电位影响表明，在硫酸铵含量一定的情况下，土壤介质中铅的浓度越大，土壤环境氧化还原电位越大，即氧化性越强；Pb 和钇含量交互作用下对土壤环境氧化还原电位影响表明，当钇含量小于 300mg/kg 时，土壤环境氧化还原电位随 Pb 浓度的升高而升高。

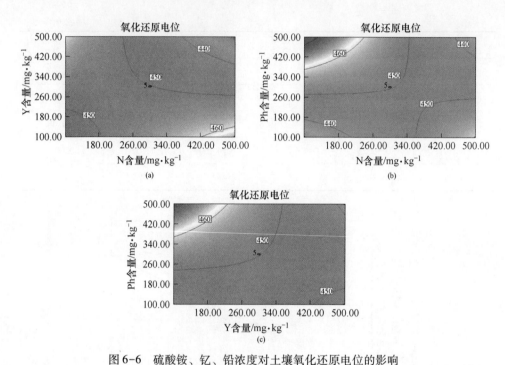

图 6-6　硫酸铵、钇、铅浓度对土壤氧化还原电位的影响

（a）硫酸铵、钇对土壤氧化还原电位的影响；（b）硫酸铵、Pb 浓度对土壤氧化还原电位的影响；
（c）钇、Pb 浓度对土壤氧化还原电位的影响

6.2.3　硫酸铵、钇、铅含量对铅老化程度的影响

外源重金属以离子态（活泼态）输入土壤环境后，其会在多种环境因素综合作用下，实现在土壤介质中的二次分配，即为老化（稳定化）。该过程主要有两个阶段组成，快速反应阶段和慢速反应阶段。本书中主要探究较长时间段内（1 年）氮化物、稀土离子、重金属浓度对 Pb 老化程度的影响。

通过控制土壤环境中硫酸铵、钇、铅的含量，探究其对土壤中 Pb 老化程度的影响，建立硫酸铵、钇、铅含量对 Pb 老化程度的响应函数模型：

$$\alpha = 0.27042 - 1.00062 \times 10^{-4}X_1 + 1.47813 \times 10^{-4}X_2 + 2.27756 \times 10^{-3}X_3 +$$
$$3.31250 \times 10^{-8}X_1X_2 - 1.36250 \times 10^{-7}X_1X_3 - 2.63750 \times 10^{-7}X_2X_3 +$$
$$1.90312 \times 10^{-7}X_1^2 - 8.34375 \times 10^{-8}X_2^2 - 2.18906 \times 10^{-6}X_3^2$$

式中，α 为老化程度，即（可还原态含量+残渣态含量）/总量；X_1 表示 NH_4^+ 含量；X_2 表示 Y 含量；X_3 表示 Pb 的含量。单位均为 mg/kg。

表 6-7 为回归方程的显著性检验结果，P 值小于 0.05，因此，该响应函数模型具有高显著性。由于该模型具有较好的拟合度（$R^2 = 0.9988$），误差较小，所

以可以利用该模型对硫酸铵、钇、铅影响下 Pb 的老化程度进行预测和分析。图 6-7 为响应函数模型计算结果与实验结果的相关性，可以看出实验值和预测值基本相近，故响应实验模型能够很好地反映硫酸铵、钇、铅含量和 Pb 老化程度的关系。

表 6-7 老化程度回归方程显著性检验

方差来源	平方和	自由度	均方	F 值	P 值
Model	0.26	9	0.029	632.78	<0.0001
X_1	9.05×10^{-5}	1	9.05×10^{-5}	1.97	0.2032
X_2	2.61×10^{-4}	1	2.61×10^{-4}	5.69	0.0486
X_3	0.23	1	0.23	4965.52	<0.0001
$X_1 X_2$	7.02×10^{-6}	1	7.02×10^{-6}	0.15	0.7074
$X_1 X_3$	1.19×10^{-4}	1	1.19×10^{-4}	2.59	0.1518
$X_2 X_3$	4.45×10^{-4}	1	4.45×10^{-4}	9.7	0.017
X_1^2	2.44×10^{-4}	1	2.44×10^{-4}	5.31	0.0546
X_2^2	4.69×10^{-5}	1	4.69×10^{-5}	1.02	0.3458
X_3^2	0.032	1	0.032	703.03	<0.0001

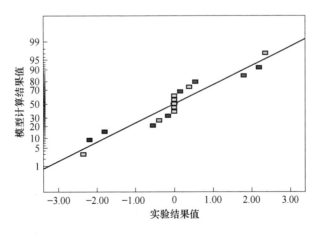

图 6-7 实验值与预测值相关性

硫酸铵、钇、铅含量对土壤介质中 Pb 老化程度的影响如图 6-8 所示。硫酸铵和钇交互作用下对 Pb 老化程度的影响显示，当硫酸铵的含量一定时，钇含量越高，Pb 的老化程度也就越大，这可能是由于稀土离子的催化作用引起的；硫酸铵和 Pb 交互作用下对 Pb 老化程度的影响显示铵根离子对 Pb 老化程度影响不大，Pb 的浓度与老化程度成正比；钇和 Pb 交互作用下对 Pb 老化程度影响表明，钇的浓度与 Pb 的老化程度呈正相关，仍与其催化效果有关。

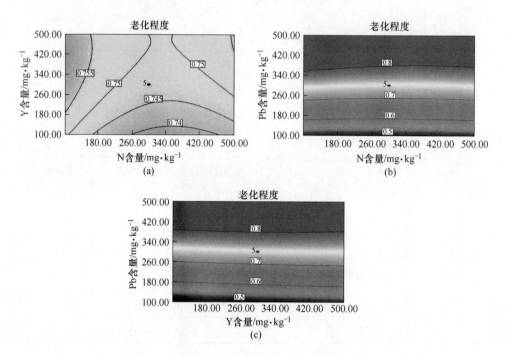

图 6-8　硫酸铵、钇、铅浓度对 Pb 老化程度的影响
(a) 硫酸铵、钇对 Pb 老化程度的影响；(b) 硫酸铵、Pb 浓度对 Pb 老化程度的影响；
(c) 钇、Pb 浓度对 Pb 老化程度的影响

6.2.4　硫酸铵作用下硫酸铵、钇、铅含量对铅活化效果的影响

稀土矿山重金属释放过程中，硫酸铵是最主要的活化剂，与稀土矿山伴生重金属的类活化反应，造成环境污染。在研究样区除矿山以外的土壤环境中，硫酸铵活化过程普遍存在。

通过控制土壤环境中硫酸铵、钇、铅的含量，探究硫酸铵作用下硫酸铵、钇、铅含量对土壤中 Pb 活化程度的影响，建立硫酸铵、钇、铅含量对 Pb 活化程度的响应函数模型：

$$\beta = 0.13960 + 2.22969 \times 10^{-4} X_1 - 3.13958 \times 10^{-4} X_2 - 3.3474 \times 10^{-4} X_3 +$$
$$1.89063 \times 10^{-7} X_1 X_2 - 3.03125 \times 10^{-7} X_1 X_3 + 2.27604 \times 10^{-7} X_2 X_3 -$$
$$2.32552 \times 10^{-7} X_1^2 + 1.95052 \times 10^{-7} X_2^2 + 3.41927 \times 10^{-7} X_3^2$$

式中，β 为活化效果，即 β=(提取液 Pb 浓度×100)/土壤 Pb 浓度；X_1 表示 NH$_4^+$ 含量；X_2 表示 Y 含量；X_3 表示 Pb 的含量。单位均为 mg/kg。

表6-8 为回归方程的显著性检验结果，P 值小于 0.05，因此，该响应函数模型具有高显著性。由于该模型具有较好的拟合度（R^2 = 0.9407），误差较小，所以可以利用该模型对硫酸铵、钇、铅影响下 Pb 的活化（硫酸铵）程度进行预测和分析。图 6-9 为响应函数模型计算结果与实验结果的相关性，可以看出实验值和预测值基本相近，故响应实验模型能够很好地反映硫酸铵、钇、铅含量和 Pb 活化程度的关系。

表6-8 硫酸铵活化效果回归方程显著性检验

方差来源	平方和	自由度	均方	F 值	P 值
Model	0.012	9	1.37×10^{-3}	12.34	0.0016
X_1	7.75×10^{-4}	1	7.75×10^{-4}	6.96	0.0335
X_2	1.66×10^{-3}	1	1.66×10^{-3}	14.87	0.0062
X_3	7.42×10^{-3}	1	7.42×10^{-3}	66.61	<0.0001
$X_1 X_2$	2.29×10^{-4}	1	2.29×10^{-4}	2.05	0.1949
$X_1 X_3$	5.88×10^{-4}	1	5.88×10^{-4}	5.28	0.0551
$X_2 X_3$	3.32×10^{-4}	1	3.32×10^{-4}	2.98	0.1281
X_1^2	3.64×10^{-4}	1	3.64×10^{-4}	3.27	0.1134
X_2^2	2.56×10^{-4}	1	2.56×10^{-4}	2.3	0.173
X_3^2	7.88×10^{-4}	1	7.88×10^{-4}	7.07	0.0325

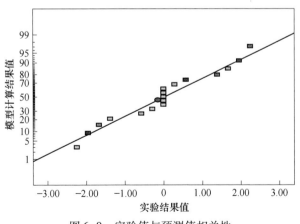

图 6-9 实验值与预测值相关性

硫酸铵作用下硫酸铵、钇、铅含量对 Pb 活化效果如图 6-10 所示。硫酸铵和钇交互作用下对 Pb 活化程度影响结果显示，当钇含量一定时，活化程度随硫酸铵浓度的增加而增加，这是因为活化过程中铵根离子会置换出金属离子，反应物的增加进一步促进置换反应的进行，另外硫酸铵为强酸弱碱盐，呈酸性，硫酸铵的大量输入会导致土壤环境进一步酸化，进而导致碳酸盐结合态重金属活化释放；在一定含量范围内，钇能够促进 Pb 的稳定化，这与第 6.2.2 节研究结果相一致。硫酸铵和 Pb 交互作用下对 Pb 活化程度的影响结果表明，硫酸铵含量与 Pb 的活化程度成正比，原因同上[10]。钇和 Pb 交互作用下对 Pb 活化程度的影响结果表明，钇含量与 Pb 的活化程度成反比，原因同上。

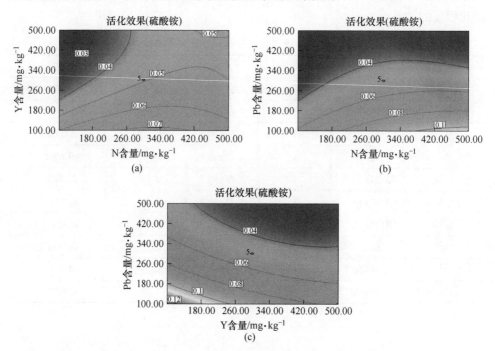

图 6-10　硫酸铵作用下硫酸铵、钇、铅浓度对 Pb 活化效果
（a）硫酸铵作用下硫酸铵、钇对 Pb 活化效果；（b）硫酸铵作用下硫酸铵、Pb 浓度对 Pb 活化效果；
（c）硫酸铵作用下钇、Pb 浓度对 Pb 活化效果

6.2.5　酸雨作用下硫酸铵、钇、铅含量对铅活化效果的影响

酸雨由于呈现酸性，能够使土壤介质中碳酸盐结合态重金属进一步活化，提高重金属的活性、迁移性，进一步向环境扩散。在研究样区土壤环境中，酸雨活化过程普遍存在。

通过控制土壤环境中硫酸铵、钇、铅的含量，探究酸雨作用下硫酸铵、钇、铅含量对土壤中 Pb 活化程度的影响，建立硫酸铵、钇、铅含量对 Pb 活化程度的响应函数模型：

$$\gamma = 0.0348 + 6.82292 \times 10^{-5}X_1 - 2.96875 \times 10^{-5}X_2 - 5.89583 \times 10^{-5}X_3 -$$
$$1.51562 \times 10^{-7}X_1X_2 - 7.55208 \times 10^{-8}X_1X_3 + 1.5 \times 10^{-7}X_2X_3$$

式中，γ 为活化效果，即 $\gamma = ($提取液 Pb 浓度 $\times 100) /$ 土壤 Pb 浓度；X_1 表示 NH_4^+ 含量；X_2 表示 Y 含量；X_3 表示 Pb 的含量。单位均为 mg/kg。

表 6-9 为回归方程的显著性检验结果，P 值小于 0.05，因此，该响应函数模型具有高显著性。由于该模型具有较好的拟合度（$R^2 = 0.8197$），误差较小，所以可以利用该模型对硫酸铵、钇、铅影响下 Pb 的活化（酸雨）程度进行预测和分析。图 6-11 为响应函数模型计算结果与实验结果的相关性，可以看出实验值和预测值基本相近，故响应实验模型能够很好地反映硫酸铵、钇、铅含量和 Pb 活化程度的关系。

表 6-9 酸雨活化效果回归方程显著性检验

方差来源	平方和	自由度	均方	F 值	P 值
Model	1.05×10^{-3}	6	1.75×10^{-4}	7.58	0.0029
X_1	3.47×10^{-9}	1	3.47×10^{-9}	1.51×10^{-4}	0.9904
X_2	2.91×10^{-4}	1	2.91×10^{-4}	12.63	0.0052
X_3	4.29×10^{-4}	1	4.29×10^{-4}	18.62	0.0015
X_1X_2	1.47×10^{-4}	1	1.47×10^{-4}	6.38	0.0301
X_1X_3	3.65×10^{-5}	1	3.65×10^{-5}	1.58	0.2368
X_2X_3	1.44×10^{-4}	1	1.44×10^{-4}	6.25	0.0315

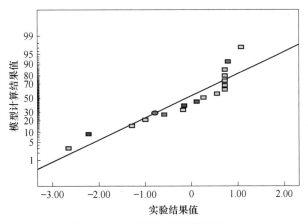

图 6-11 实验值与预测值相关性

酸雨作用下硫酸铵、钇、铅含量对 Pb 活化效果如图 6-12 所示。硫酸铵和钇交互作用下对 Pb 活化效果的影响与其对土壤环境 pH 值的影响是一致的。当钇含量小于300mg/kg时，Pb活化效果随硫酸铵浓度的增加而增加，当钇含量大于300mg/kg时，活化效果与硫酸铵浓度成反比。Pb和钇交互作用下对Pb活化效果的影响结果显示，土壤环境中Pb、钇含量越高，其老化程度越高，越不容易被活化。

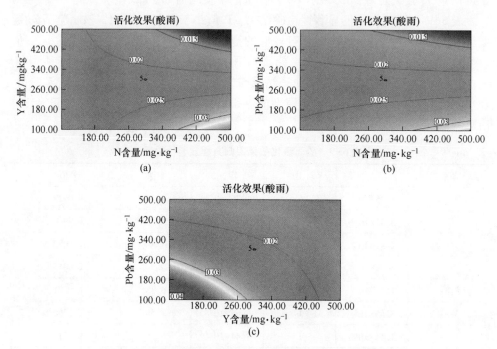

图6-12　酸雨作用下硫酸铵、钇、铅浓度对Pb活化效果
（a）酸雨作用下硫酸铵、钇对Pb活化效果；（b）酸雨作用下硫酸铵、Pb浓度对Pb活化效果；
（c）酸雨作用下钇、Pb浓度对Pb活化效果

7 淋溶条件下矿区农田土壤 中铅的析出特性

经调查发现赣南地区稀土矿周边农田土壤 Pb 含量（160±5）mg/kg，超出国家规定农田 Pb 含量标准 80mg/kg。因此，选择该地区农田土壤为研究对象，探究在当地酸雨多发的区域特性下，酸雨的酸碱度降雨强度等特性对农田土壤中重金属迁移转化的影响，区别于研究普通降雨或地表径流对农田中重金属 Pb 的迁移转化研究。同时，现在稀土矿开采大多使用的是原地浸矿技术。使用硫酸铵作为浸矿剂，通过离子交换法将矿区中的稀土离子置换出来。原地浸矿投入的过量硫酸铵的浸矿剂将残留在土壤，或随着地表径流和地下水进入周边农田土壤和河流生态系统。进而影响农田土壤的理化性质、肥力和毒害性。本书在结合当地实际情况的前提下，探究了酸雨、硫酸铵条件下对矿区农田中 Pb 析出的影响。

7.1 酸雨淋溶下农田中铅的析出特性

7.1.1 实验反应条件设计

实验根据响应曲面方法设计样品影响因素（见表 7-1）。

表 7-1 反应条件实验设计

样品序号	pH 值	降雨强度/mL·d^{-1}	培养 Pb 浓度/mg·kg^{-1}
1	5.00	374.00	100
2	4.50	241.50	500
3	4.50	241.50	100
4	4.50	109.00	300
5	5.50	241.50	100
6	4.50	374.00	300
7	5.00	241.50	300
8	5.50	109.00	300
9	5.00	241.50	300
10	5.50	374.00	300
11	5.00	109.00	500
12	5.00	241.50	300

续表7-1

样品序号	pH 值	降雨强度/mL·d⁻¹	培养 Pb 浓度/mg·kg⁻¹
13	5.00	241.50	300
14	5.00	109.00	100
15	5.00	241.50	300
16	5.00	374.00	500
17	5.50	241.50	500

7.1.2 时长对淋出铅浓度的影响情况

由于在淋滤实验开始前用蒸馏水将实验土柱中的土样浸湿，再使用配制的模拟酸雨淋滤，因此，实验中每天的淋出液量基本上与模拟酸雨的投加量相同（见图7-1）。

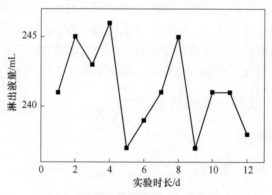

图7-1　淋出液量随时间变化规律

研究时长对重金属迁移影响时，其他因素选择实验土样的平均 pH 值为5，降雨强度选择年平均降雨强度为241.50mL/d。由图7-2可以看出，淋出 Pb 浓度

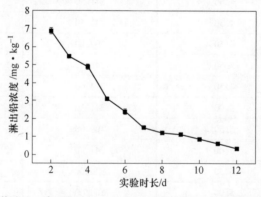

图7-2　pH 值为5、降雨强度为241.50mL/d 时淋出 Pb 浓度随时间变化规律

随着时长的增加而减少，减少的过程分为两个阶段。第 1 ~ 第 7 天呈快速下降，是 Pb 的快速释放过程，第 8 天之后 Pb 的释放量下降幅度较小，相对稳定。实验前期淋出的 Pb 多为土样中未被吸附的游离态和水溶态，数量较多且容易被迁移转化。到实验后期模拟酸雨将土壤中的弱酸提取态 Pb 置换出来。土样中容易被活化的重金属 Pb 都已经淋出，剩下较为稳定的其他形态在酸雨条件下释放缓慢。

7.1.3 降雨强度对淋出铅浓度的影响情况

陶权等人[163] 在研究成都市双流县白家镇附近农田在不同降雨强度条件下，径流中重金属总浓度都随降雨强度的增大而增大。赣南地区雨水充沛，年均降雨量较大，易对稀土矿区形成冲刷，本节针对降雨强度对赣南农田重金属污染的影响情况进行研究分析。

降雨强度随时长的变化趋势中，在汛期 Pb 淋出都是首先大量淋出并且伴随着急速下降，枯水期淋出 Pb 的量比较平稳（见图 7-3）。开始的 5 天重金属 Pb 的淋出量随着淋滤过程迅速降低。模拟汛期实验是用大量酸雨淋滤实验土柱，利用快速的流量将土柱内游离的重金属 Pb 都冲刷出，因此淋出 Pb 浓度较高；淋滤后期 Pb 的淋出量趋近于 0.00mg/kg。模拟酸雨在枯水期对土样中的重金属淋洗作用较低且平稳。模拟酸雨 pH 值较低时土样中的 Pb 能更快地淋出，pH 值较低的酸性淋洗液对土壤进行酸化，有助于重金属的活化迁移。

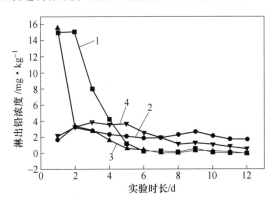

图 7-3 实验时长对淋出 Pb 浓度变化的影响

1—汛期淋出铅浓度（pH 值为 4.5）；2—枯水期淋出铅浓度（pH 值为 4.5）；

3—汛期淋出铅浓度（pH 值为 5.5）；4—枯水期淋出铅浓度（pH 值为 5.5）；

7.1.4 利用响应曲面综合分析实验结果

利用响应曲面法优化分析不同因素与 Pb 迁移转化的关系。响应曲面软件中的 Box-Benhnken Design 设计三因素实验方案，以各种交互实验的中心点取值，并在上下区域各取一个水平值。响应曲面培养因素为 pH 值、降雨强度、培养 Pb 浓度，用实验 12 天的全部淋出液计算出的淋出 Pb 浓度为响应值。结果见表 7-2。

表 7-2 实验设计及结果

编号	pH 值	降雨强度/mL · d⁻¹	培养 Pb 浓度/mg · kg⁻¹	淋出 Pb 浓度/mg · kg⁻¹
1	5.00	241.50	300.00	32.58
2	5.50	374.00	300.00	23.84
3	4.50	241.50	100.00	8.64
4	4.50	241.50	500.00	70.83
5	5.00	374.00	100.00	8.58
6	5.50	109.00	300.00	25.58
7	4.50	109.00	300.00	26.48
8	5.00	241.50	300.00	32.58
9	5.00	374.00	500.00	65.97
10	5.00	241.50	300.00	32.58
11	5.00	109.00	100.00	6.46
12	5.00	241.50	300.00	32.58
13	5.00	241.50	300.00	32.56
14	5.50	241.50	100.00	18.05
15	4.50	374.00	300.00	29.70
16	5.00	109.00	500.00	44.47
17	5.50	241.50	500.00	56.89

利用响应曲面软件可以将实验数据进行多元回归拟合，拟合后呈现出 3D 曲面。当 P 值小于 0.05 时则认为该项指标表现的效果显著。从表 7-3 中可以看出，一次项和二次项中都是培养 Pb 浓度、降雨强度较为显著，交互项中 pH 值与培养 Pb 浓度、降雨强度与培养 Pb 浓度较为显著。

表 7-3 回归方程系数显著性检验

方差来源	平方和	自由度	均方	F 值	P 值
Model	5456.93	9	606.33	64.48	<1.00×10⁻⁴
A：pH 值	15.95	1	15.95	1.70	0.23
B：降雨强度/mL	78.76	1	78.76	8.38	0.02
C：培养 Pb 浓度/mg · kg⁻¹	4823.74	1	4823.74	513.01	<1.00×10⁻⁴

方差来源	平方和	自由度	均方	F 值	P 值
AB	6.16	1	6.16	0.65	0.45
AC	136.47	1	136.47	14.51	0.01
BC	93.89	1	93.89	9.98	0.02
A^2	1.18	1	1.18	0.13	0.73
B^2	189.29	1	189.29	20.13	0.003
C^2	127.28	1	127.28	13.54	0.01

研究降雨强度和 pH 值交互作用下，对实验 12 天淋出 Pb 总含量的影响。从图 7-4 可以看出，pH 值较高同时降雨强度为年平均降雨量时，Pb 的淋出浓度最高；另外，在与酸碱度的对比中，淋出 Pb 浓度受降雨强度的影响更大。

利用响应曲面法对实验参数进行拟合，以下为自变量建立的回归方程：

$$\alpha = -49.81 - 1.95A + 0.25B + 0.29C - 0.02AB - 0.06AC +$$
$$1.83 \times 10^{-4}BC + 2.12A^2 - 3.82 \times 10^{-4}B^2 + 1.37 \times 10^{-4}C^2$$

式中，α 为淋出 Pb 浓度，mg/kg；A 为 pH 值；B 为降雨强度，mL/d；C 为外源培养 Pb 浓度，mg/kg。

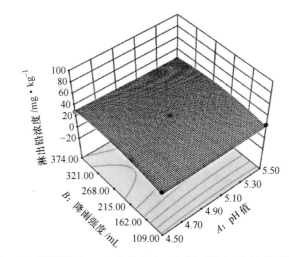

图 7-4　降雨强度、pH 值及其交互作用对淋出 Pb 浓度的影响

Nadya 等人[164] 基于大量的计算发现，当年平均降雨量处于 930.00 ~ 1380.00mm 时，对重金属元素的富集或淋失有显著影响。同时研究表明，年均降雨量不仅对土壤中铅离子的赋存形式有影响，还对铅离子的迁移转化也有影响[165]。

降雨强度为 109.00～268.00mL/d 时，淋出铅浓度与降雨强度的相关性为正相关，在降雨强度大于 268.00mL/d 时，淋出铅浓度开始下降。形态分析中发现实验土样中的弱酸提取态占总含量的 20%±7%，弱酸提取态的含量影响土样在酸雨条件下的释放。随着降雨强度的加大，酸雨中外源的 H^+ 进入土壤，导致重金属离子活化度提高，而当降雨强度到达 268.00mL/d 以上时，每分钟酸雨的流量过大，酸雨在土柱中停留的时间较短，实验反应时间的减少导致淋出铅浓度的下降。

在枯水期降雨强度时，pH 值对淋出铅浓度基本不造成影响。随着降雨强度的逐渐增加，pH 值越小则铅含量越高。因为降雨强度较低时酸雨每分钟淋入土柱中的含量较少，缓慢地填满土柱中的空隙使得淋滤液与土柱中铅离子充分反应。

图 7-5 表示培养 Pb 浓度和 pH 值交互作用下，对实验 12 天淋出 Pb 总含量的影响。可以看出，在添加的外源 Pb 浓度较低时，pH 值对于淋出 Pb 浓度的影响效果不大。随着土样培养 Pb 浓度的升高，pH 值对于淋出 Pb 浓度的影响越来越明显。实验中当模拟酸雨 pH 值为 4.50，培养 Pb 浓度为 500.00mg/kg 时，淋出 Pb 浓度出现最大值 70.83mg/kg，在培养 Pb 浓度达到 340.00mg/kg 时，淋出 Pb 浓度开始上升。

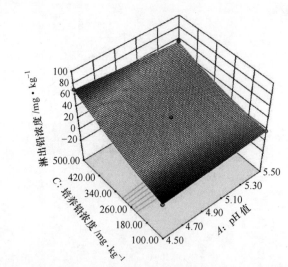

图 7-5　培养 Pb 浓度、pH 值及其交互作用对淋出 Pb 浓度的影响

酸雨的 pH 值影响土样中重金属 Pb 的形态转化，在酸雨作用下土样由中性向弱酸性转化，土样酸化使得土样中的重金属形态向活化形态转化，对水溶态、交换态重金属影响极大。另外，酸雨 pH 值的下降，也伴随着碳酸盐与其他结合态的重金属溶解，从而释放到淋出液中的 Pb 离子增加。

培养 Pb 浓度和降雨强度交互作用下，对实验 12 天淋出 Pb 总含量的影响如图 7-6 所示。在与培养 Pb 浓度的相互作用中，培养外源 Pb 浓度为 100.00mg/kg 至 340.00mg/kg 响应曲线呈现出一个抛物线，当降雨强度为 215.00mL/d 时 Pb 淋出量出现一个高值。培养 Pb 浓度大于 340.00mg/kg 时，淋出 Pb 含量与降雨强度是正比关系。在降雨强度为 374.00mL/d，培养 Pb 浓度为 500.00mg/kg 时，淋出 Pb 浓度出现培养 Pb 浓度与降雨强度交互作用，实验 Pb 淋出量的最大值为 65.97mg/kg。降雨强度为 109.00mL/d 培养 Pb 浓度为 100.00mg/kg 时，出现最小值 6.46mg/kg。当培养 Pb 浓度过高时，土壤吸附重金属 Pb 达到饱和后其余的 Pb 离子存在于土壤的空隙中，容易随着模拟酸雨淋滤出。

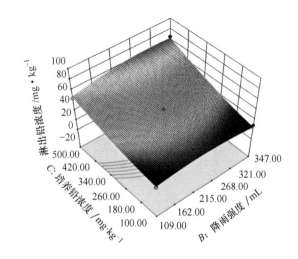

图 7-6 培养 Pb 浓度、降雨强度及其交互作用对淋出 Pb 浓度的影响

通过响应曲面法分析，淋滤实验中影响因素的强弱顺序为：外源培养 Pb 浓度 > 降雨强度 > pH 值。因此可知，在重金属 Pb 淋滤析出过程中影响重金属 Pb 析出浓度的关键因素是当地重金属 Pb 的污染程度；其次在降雨较为充沛的地区，土壤中的重金属 Pb 更易随降雨析出，进而污染地表径流。

7.1.5 形态分析结果

按照土壤和沉积物形态顺序提取程序的标准，进行顺序提取，提取了弱酸提取态、可还原态、可氧化态、残渣态。顺序提取是根据粒度、溶解度等物理性质或结合状态、反应活性等化学性质的不同，把样品中被测定物质被分类并顺序提取的过程。

弱酸提取态是使用乙酸溶液提取的一种形态。这种形态主要指被静电吸附在土壤和沉积物颗粒表面，它可以通过离子交换释放的元素形态，或者以在碳酸盐中的元素形态。这种形态下的 Pb 离子较容易被置换出来，也是在处理较高浓度的 Pb 含量时较早被处理的 Pb 离子种类。可还原态是由盐酸羟胺溶液提取的元素形态。在土壤中的这种形态同样较容易被置换出来，从而减少 Pb 污染的程度。可氧化态是利用过氧化氢溶液和乙酸铵溶液来提取的元素形态。这种形态主要指与有机质活性基团结合的元素形态，以及硫化物被氧化为可溶性硫酸盐形式的元素形态。一般在土壤中的可氧化态的 Pb 较少，属于四种形态中占比最小的一个。残渣态是由盐酸-硝酸-氢氟酸-高氯酸溶液提取的元素形态。这种形态主要是存在于硅酸盐晶格中的元素形态。一般利用消解的方法来得到可测量的残渣态溶液，但是也可以用已知的所有形态的 Pb 含量减去其他几种形态，能估算出大概的残渣态含量。四种形态分析及其占比见表7-4、表7-5 和图7-7。

表7-4　四种形态分析

编号	形态/$\mu g \cdot mL^{-1}$				总量/$mg \cdot kg^{-1}$
	L1	L2	L3	L4	
1	2.87	6.66	0.90	22.96	32.58
2	2.34	6.90	0.21	14.40	23.84
3	1.21	4.23	0.03	3.16	8.64
4	4.53	8.85	0.27	57.20	70.83
5	1.40	4.41	0.03	2.75	8.58
6	2.57	6.24	0.15	16.61	25.58
7	3.17	7.13	0.27	15.92	26.48
8	2.87	6.66	0.90	22.96	32.58
9	4.17	9.32	0.44	52.04	65.97
10	2.87	6.66	0.90	22.96	32.58
11	1.75	4.35	0.00	0.36	6.46
12	2.87	6.66	0.90	22.96	32.58
13	2.87	6.66	0.90	22.96	32.58
14	1.75	4.35	0.00	11.96	18.05
15	1.69	6.60	0.90	21.33	29.70
16	4.29	9.68	0.44	30.06	44.47
17	3.88	9.62	0.03	43.37	56.89

注：表7-4样品反应条件和表7-1序号相同。

表7-5 四种形态分析占比

编号	形态/%			
	L1	L2	L3	L4
1	8.81	20.44	0.27	70.48
2	9.80	28.92	0.87	60.41
3	14.04	48.96	0.35	36.62
4	6.39	12.49	0.38	80.75
5	16.22	51.40	0.35	32.03
6	10.06	24.41	0.58	64.95
7	11.96	26.93	1.00	60.11
8	8.81	20.44	0.27	70.48
9	6.32	14.13	0.67	78.88
10	8.81	20.44	0.27	70.48
11	27.04	67.36	0.00	5.59
12	8.81	20.44	0.27	70.48
13	8.81	20.44	0.27	70.48
14	9.67	24.09	0.00	66.24
15	5.68	22.21	0.30	71.81
16	9.65	21.75	1.00	67.60
17	6.81	16.90	0.05	76.23

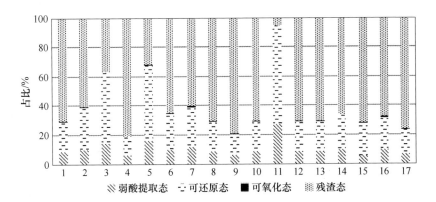

图7-7 四种形态分析占比

11 号样品的弱酸提取态和可还原态均是最高分别为 27.04% 和 67.36%，11 号样品实验影响条件是外源培养 Pb 浓度为 100.00mg/kg，模拟酸雨的 pH 值为 5.00，模拟酸雨降雨强度为 109.00mL/d。在枯水期降雨强度条件下，由于土壤中的游离重金属离子和降雨没有足够的接触，较少的外源氢离子进入土壤，弱酸提取态和可还原态占比较大。

可氧化态中出现比例最大的是 7 号和 16 号样品，7 号和 16 号样品模拟降雨强度均为 109.00mL/d。7 号样品的影响因素：外源培养 Pb 浓度为 300.00mg/kg，模拟酸雨的 pH 值为 4.50；16 号样品的影响因素：外源培养 Pb 浓度为 500.00mg/kg，模拟酸雨的 pH 值为 5.00。说明在第三种形态可氧化态中，pH 值的升高可以使高浓度的重金属 Pb 向可氧化态迁移转化。

形态分析中出现第四种形态残渣态占比前三是 4 号、9 号、17 号，占比分别为 80.75%、78.88%、76.23%，这三个样品的外源培养 Pb 浓度均是 500.00mg/kg。残渣态的比例与外源培养 Pb 浓度呈现正相关。3 号和 14 号样品的影响因素：实验降雨强度为 241.50mL/d，外源 Pb 培养含量为 100.00mg/kg，3 号样品的残渣态占比为 36.62%，14 号样品为 66.24%。在相同降雨强度条件下，外源培养 Pb 浓度为 500.00mg/kg 时 pH 值越小残渣态的占比越大，外源培养 Pb 浓度 100.00mg/kg 时 pH 值越小残渣态的占比也减小。

7.2 硫酸铵淋溶下农田中铅的析出特性

7.2.1 实验反应条件的设计

硫酸铵实验设计及结果见表 7-6。

表 7-6 硫酸铵实验设计及结果

样品序号	硫酸铵浓度/%	实验时长/d	培养 Pb 浓度/mg·kg⁻¹
1	2.00	8.00	300.00
2	3.00	12.00	300.00
3	1.00	8.00	100.00
4	1.00	8.00	500.00
5	2.00	12.00	100.00
6	3.00	4.00	300.00
7	2.00	4.00	300.00
8	2.00	8.00	300.00
9	2.00	12.00	500.00
10	2.00	8.00	300.00
11	2.00	4.00	100.00

样品序号	硫酸铵浓度/%	实验时长/d	培养 Pb 浓度/mg·kg^{-1}
12	2.00	8.00	300.00
13	2.00	8.00	300.00
14	3.00	8.00	100.00
15	1.00	12.00	300.00
16	2.00	4.00	500.00
17	3.00	8.00	500.00

7.2.2 硫酸铵浓度对农田中重金属铅析出影响

实验用硫酸铵浸滤培养的农田土壤，观察硫酸铵对农田土壤中 Pb 的淋出浓度的影响（见图7-8～图7-10）。

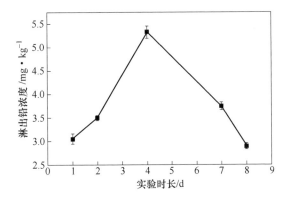

图7-8 硫酸铵浓度为2.00%时淋出 Pb 浓度的变化规律

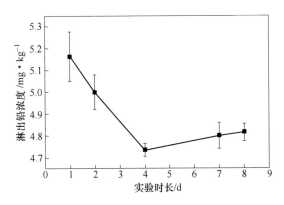

图7-9 硫酸铵浓度为3.00%时淋出 Pb 浓度的变化规律

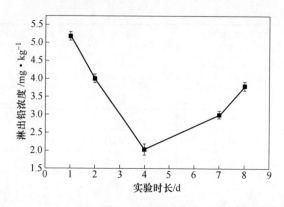

图 7-10　硫酸铵浓度为 1.00% 时淋出 Pb 浓度的变化规律

　　当实验中硫酸铵的浓度为 2.00%，外源培养 Pb 浓度为 300.00mg/kg 时，折线图呈现出类似抛物线，实验进行到第 4 天，测得淋出 Pb 浓度 5.32mg/kg。根据上述数据分析发现硫酸铵对土壤的 pH 值产生一定的影响，并且土壤的 pH 值和硫酸铵的添加量呈反比。硫酸铵在低浓度的时候，对 pH 值的影响更加明显。硫酸铵为强酸弱碱盐，其铵根阳离子在土壤中容易发生离子交换和水解作用，从而使氢离子的含量增加。并且硫酸根离子的增多也会使得土壤的 pH 值降低，所以长期有硫酸铵浸滤的农田土壤将会面临土壤酸化的危险。

　　当硫酸铵的浓度为 3.00%，外源培养 Pb 浓度为 300.00mg/kg 时，淋出 Pb浓度在第 1 天时先出现制高点 5.16mg/kg，然后再逐渐下降至 3.24mg/kg。淋出Pb 浓度下降 62.79%。在硫酸铵溶液浓度逐渐升高时，开始对土壤中的重金属离子起促进作用。当硫酸铵溶液浓度为 1.00%，外源培养 Pb 溶液为 300.00mg/kg时，第 1 天的淋出 Pb 浓度 5.19mg/kg，比硫酸铵浓度为 2.00%、3.00% 时的第 1 天淋出 Pb 浓度都要高。当硫酸铵浓度较低时，对土壤中的重金属离子起抑制稳定作用。

7.2.3　硫酸铵对不同污染程度农田土壤的影响

　　外源培养 Pb 浓度不同时淋出 Pb 浓度变化规律如图 7-11 ~ 图 7-13 所示。

　　硫酸铵浓度为 2.00%，外源培养 Pb 浓度为 100.00mg/kg 时，实验初期的淋出 Pb 浓度 1.05mg/kg。由于初始的 Pb 浓度较低，土壤-水界面中的水溶态 Pb 离子含量较少，所以在实验初期表现出较低的淋出 Pb 浓度。到实验后期硫酸铵将土壤中的 Pb 离子置换出来，淋出 Pb 浓度随之增多。

　　当外源重金属浓度升高至 300.00mg/kg 时，淋出 Pb 浓度呈抛物线状，在实验中期出现最高值 5.32mg/kg。到实验后期淋出 Pb 浓度连续下降，但在实验结束时淋出 Pb 浓度仍有 2.89mg/kg。淋出 Pb 浓度由最高值下降 54.32%。当外源

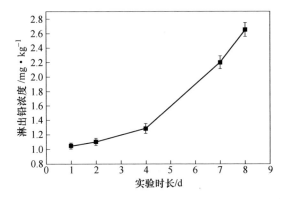

图 7-11　外源培养 Pb 浓度为 100.00mg/kg 时淋出 Pb 浓度变化规律

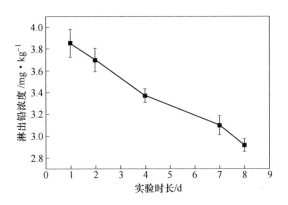

图 7-12　外源培养 Pb 浓度为 300.00mg/kg 时淋出 Pb 浓度变化规律

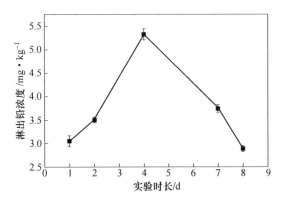

图 7-13　外源培养 Pb 浓度为 500.00mg/kg 时淋出 Pb 浓度变化规律

培养 Pb 浓度为 500.00mg/kg，在实验第 1 天呈现出最高的淋出 Pb 浓度 3.85mg/kg，随后测得淋出 Pb 浓度均小于第 1 天。

7.2.4 农田土壤浸滤时长对重金属铅的析出影响

针对实验时长对淋出 Pb 浓度的影响研究发现，在实验刚开始阶段淋出 Pb 浓度较低，为 3.05mg/kg。到实验第 3 天时出现最高值为 8.61mg/kg。淋出 Pb 浓度增加了 282.30%，之后 Pb 浓度呈连续下降的情况（见图 7-14）。

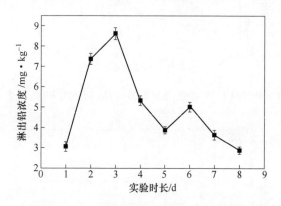

图 7-14 时长对淋出 Pb 浓度变化的影响

当外源培养 Pb 浓度为 100.00mg/kg 时，将硫酸铵浓度为 1.00% 和 3.00% 进行对比，实验前期两个浓度对降低淋出 Pb 浓度的效果趋势曲线走向基本一致。在实验后期，两个实验样品相继出现最高值：2.73mg/kg、7.44mg/kg。两个样品的曲线在实验后期有下降。当外源培养 Pb 浓度为 500.00mg/kg 时，将硫酸铵浓度为 1.00% 和 3.00% 进行对比。Pb 浓度较高时，硫酸铵在土壤中对重金属 Pb 的作用分几个阶段对不同形态的 Pb 离子进行置换作用（见图 7-15 和图 7-16）。

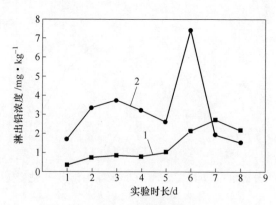

图 7-15 Pb 低浓度下硫酸铵浓度 1%、3% 对比

1—3 号样品淋出铅浓度；2—14 号样品淋出铅浓度

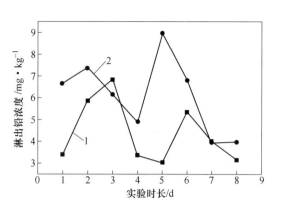

图 7-16 Pb 高浓度下硫酸铵浓度 1%、3% 对比

1—4 号样品淋出铅浓度；2—17 号样品淋出铅浓度

7.2.5 用响应曲面法分析多因素交互情况

在响应曲面法中，选择三个影响因素进行分析，分别为硫酸铵浓度（1.00%、2.00%、3.00%）、实验时长（4d、8d、12d）和外源培养 Pb 浓度（100.00mg/kg、300.00mg/kg、500.00mg/kg）。综合了实验周期内每个样品的全部淋出液，计算出的淋出 Pb 浓度为响应值（见表 7-7）。

表 7-7 硫酸铵实验设计及结果

序号	硫酸铵浓度/%	实验时长/d	培养 Pb 浓度/mg·kg⁻¹	淋出 Pb 浓度/mg·kg⁻¹
1	2.00	8.00	300.00	39.81
2	3.00	12.00	300.00	60.11
3	1.00	8.00	100.00	10.82
4	1.00	8.00	500.00	35.05
5	2.00	12.00	100.00	23.91
6	3.00	4.00	500.00	16.86
7	1.00	4.00	300.00	7.55
8	2.00	8.00	300.00	39.81
9	2.00	12.00	500.00	42.17
10	2.00	8.00	300.00	39.81
11	2.00	4.00	100.00	3.86
12	2.00	8.00	300.00	39.81
13	2.00	8.00	300.00	39.81

序号	硫酸铵浓度/%	实验时长/d	培养 Pb 浓度/mg·kg⁻¹	淋出 Pb 浓度/mg·kg⁻¹
14	3.00	8.00	100.00	25.48
15	1.00	12.00	300.00	34.12
16	2.00	4.00	500.00	18.27
17	3.00	8.00	500.00	48.82

回归方程系数中单因素的参数 P 值均小于 0.05，在研究硫酸铵浓度、实验时长和 Pb 污染浓度对淋出 Pb 浓度的影响时，这三个因素都十分显著。其中影响力最大的是实验时长。另外，在双因素的交互作用下，相对影响力较大的是硫酸铵浓度和实验时长的交互作用。硫酸铵浓度和外源培养的 Pb 浓度这两个因素是在交互作用下，影响效果最小（见表7-8）。

表7-8 回归方程系数显著性检验

方差来源	平方和	自由度	均方	F 值	P 值
Model	3722.73	9.00	413.64	24.67	2.00×10^{-4}
A-硫酸铵浓度/%	507.50	1.00	507.50	30.27	9.00×10^{-4}
B-时长/d	1618.07	1.00	1618.07	96.52	$<1.00 \times 10^{-4}$
C-培养 Pb 浓度/mg·kg⁻¹	804.79	1.00	804.79	48.00	2.00×10^{-4}
AB	69.61	1.00	69.61	4.15	0.08
AC	0.19	1.00	0.19	0.012	0.92
BC	3.70	1.00	3.70	0.22	0.65
A^2	1.00	4.91	0.29	0.61	
B^2	1.00	346.23	20.65	2.70×10^{-3}	
C^2	1.00	317.71	18.95	3.30×10^{-3}	

利用响应曲面法对实验参数进行拟合，以下为自变量建立的回归方程：

$$\alpha = -60.83 + 4.27A + 10.18B + 0.17C + 1.04AB - 1.10 \times 10^{-3}AC + 1.20 \times 10^{-3}BC - 1.08A^2 - 0.57B^2 - 2.17 \times 10^{-4}C^2$$

式中，α 为淋出 Pb 浓度，mg/kg；A 为硫酸铵溶液浓度，%；B 为实验时长，d；C 为外源培养 Pb 浓度，mg/kg。

在硫酸铵浓度和实验时长的双重影响下，在硫酸铵浓度为 3.00% 且实验时长为 12d 的情况下出现响应曲面最高点 60.11mg/kg。硫酸铵浓度为 1.00%，实验时长为 4d，出现最低淋出 Pb 浓度 7.55mg/kg。实验结束时淋出 Pb 浓度降低 87.44%（见图7-17）。

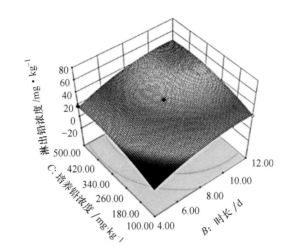

图 7-17 实验时长、硫酸铵浓度交互作用对淋出 Pb 浓度的影响

在硫酸铵浓度和外源培养 Pb 浓度的相互影响下，在硫酸铵浓度为 3.00%，外源培养 Pb 浓度为 420.00mg/kg，出现响应曲面最高点约为 50.00mg/kg。硫酸铵浓度为 1.00%，外源培养 Pb 浓度为 100.00mg/kg，出现最低淋出 Pb 浓度10.82mg/kg。该组实验淋出 Pb 浓度降低 78.36%（见图 7-18）。

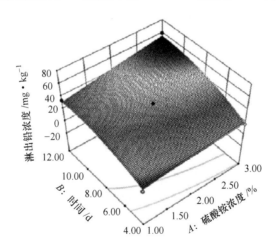

图 7-18 外源培养 Pb 浓度、硫酸铵浓度交互作用对淋出 Pb 浓度的影响

孙磊等人[166] 对玉米生长和吸收重金属的情况研究表明，在低硫酸铵用量时，有利于促进玉米的增长成熟和降低它植株内的重金属含量。实验时长和外源培养 Pb 浓度条件影响下，在外源培养 Pb 含量为 500.00mg/kg、实验时长为 12d时，响应曲面最高点为 42.17mg/kg。实验时长 4d 时，外源培养 Pb 含量为

100.00mg/kg，出现最低淋出 Pb 浓度 3.86mg/kg。实验证明淋出的 Pb 浓度随着土样被硫酸铵浸滤时间的增加而增加（见图 7-19）。

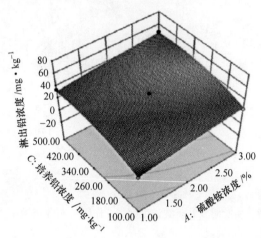

图 7-19　外源培养 Pb 浓度、实验时长交互作用对淋出 Pb 浓度的影响

傅成诚等人[167] 尝试选择各种剂量配比的氮肥施入塿土，研究观察对其中外源 Pb 影响的最优剂量配比。结果表明尿素和（NH_4）$_2SO_4$ 溶液的共同作用下，发现塿土中交换态 Pb 的含量会出现随时间迁移先降低后升高的情况，尿素及（NH_4）$_2SO_4$ 溶液所占比例增高伴随着土壤 pH 值的下降。另外在 28d 的短期实验内会对土壤中的 Pb 有着钝化的作用，在实验中发现这种配比的尿素和（NH_4）$_2SO_4$ 溶液使得 Pb 的钝化量达到 Pb 总含量的 11.82%。

7.3　凹凸棒石对酸雨淋滤作用下农田土壤铅析出效果的影响

凹凸棒石也称为坡缕石，一种晶质水合镁铝硅酸盐矿物，并且具有独特的层链状结构特征，其结构属 2∶1 型黏土矿物。凹凸棒石黏土在作为吸附剂时，可以脱色和除臭，也能够作为钝化剂去除 Pb 离子。凹凸棒石的表面呈碱性，会使得的土壤中的 Pb 离子水解沉淀，再加上胶体颗粒的互相作用，是凹凸棒石去除水悬浮体系中 Pb 离子的主要方式[144,145]。

在实际处理农田重金属时考虑到成本的问题，因此没有选择大于 10.00% 的凹凸棒石添加量比例。选择了 2.00%、6.00%、10.00% 三个情况进行实验分析。实验培养的农田土壤取自稀土矿区周边农田土壤的表层土，实验中设计实验土样与凹凸棒石混合均匀。模拟在实际操作中，凹凸棒石稳定培养在农田土壤。

7.3.1　实验反应条件的设计

凹凸棒石的基本组成和参数见表 7-9，反应条件实验设计见表 7-10。

表7-9 凹凸棒石的基本组成和参数

名称	SiO$_2$	Al$_2$O$_3$	Fe$_2$O$_3$	Na$_2$O	K$_2$O
含量/%	55.6 ~ 60.5	9.00 ~ 10.10	5.70 ~ 6.70	0.03 ~ 0.11	0.96 ~ 1.30
名称	CaO	MgO	MnO	灼减	胶质价
含量/%	0.42 ~ 1.95	10.70 ~ 11.35	0.64	10.57 ~ 11.30	55.00 ~ 65.00mL （每15.00g 土）
名称	膨胀容	吸蓝量	比表面积	阳离子交换量	脱色力
含量/%	4.00 ~ 6.00mL （每克土）	≤24.00 （每100.00g 土）	400.00 ~ 500.00m^2 （每克土）	7.5 ~ 15mmol （每100g 土）	>170.00

表7-10 反应条件实验设计

样品序号	凹凸棒石比例/%	实验时长/d	培养 Pb 浓度/mg·kg^{-1}
1	6.00	8.00	300.00
2	10.00	12.00	300.00
3	2.00	8.00	100.00
4	2.00	8.00	500.00
5	6.00	12.00	100.00
6	10.00	4.00	300.00
7	2.00	4.00	300.00
8	6.00	8.00	300.00
9	6.00	12.00	500.00
10	6.00	8.00	300.00
11	6.00	4.00	100.00
12	6.00	8.00	300.00
13	6.00	8.00	300.00
14	10.00	8.00	100.00
15	2.00	12.00	300.00
16	6.00	4.00	500.00
17	10.00	8.00	500.00

7.3.2 凹凸棒石添加量对农田土壤钝化效果的影响

设置凹凸棒石的添加量和与实验土柱中土壤量配比的不同，观察对污染农田土壤重金属钝化效果，选择了 Pb 培养浓度为 300.00mg/kg、设计实验持续时间为 8 天的样品。使用 pH 值为 5.00 的模拟酸雨，凹凸棒石的添加量为 2.00%、6.00% 和 10.00%（见图 7-20 ~ 图 7-22）。

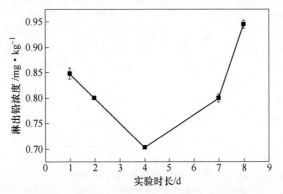

图 7-20　凹凸棒石投加量为 2.00% 时淋出 Pb 浓度变化规律

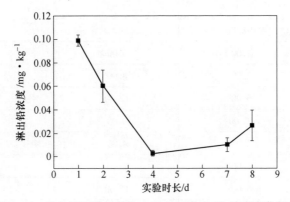

图 7-21　凹凸棒石投加量为 6.00% 时淋出 Pb 浓度变化规律

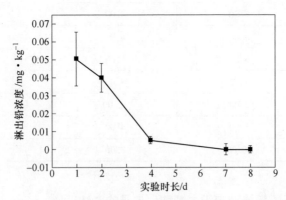

图 7-22　凹凸棒石投加量为 10.00% 时淋出 Pb 浓度变化规律

在凹凸棒石的添加量为 6.00% 时，实验前期 Pb 的淋出浓度偏高，第 1 天淋出 Pb 浓度约为 0.10mg/kg，在实验进行到第 4 天时出现最低值小于 2.50×10^{-3} mg/kg，之后再次回升。在第 8 天时，Pb 淋出浓度达到 0.03mg/kg。当凹凸棒石添加 6.00%时，对实验前期 Pb 的稳定有明显效果，但是实验效果不持久。

模拟酸雨的酸碱度为 5.00，这时的凹凸棒石有高碱度（表面的溶液酸碱度约为 9.00），具有负电荷，凹凸棒石表面在凹凸棒石-水悬浮体系中表现出比较高的碱性。重金属离子和该黏土矿物的正带电粒子和负带电粒子交互作用下促进了氢氧化物呈胶体颗粒状，在该黏土矿物表面的黏附，使得重金属胶体颗粒更快速地分离出来。

凹凸棒石的添加量为 10.00% 时，对农田土壤中 Pb 的稳定效果显著，并且随着时间的推移效果越来越稳定。第 1 天时计算出的 Pb 浓度为 0.05mg/kg，并且之后收集的溶液中都未检测到 Pb。在添加大量凹凸棒石的情况下，实验土壤内的 pH 值受到影响，加速了内部 pH 值升高，在这种环境下可以更好地使重金属离子稳定。

在凹凸棒石占 2.00% 的情况下，实验开始第 1 天时淋出 Pb 浓度是 0.84mg/kg，当实验进行到中期时测出的 Pb 浓度是 0.70mg/kg，实验结束时淋出 Pb 浓度提升到 0.94mg/kg。凹凸棒石在实验土壤中的添加量较低（2.00%）时，淋出 Pb 浓度的变化较为平稳。在凹凸棒石添加较少的情况下，对样品土壤中 pH 值的影响较小，并且 pH 值会直接影响凹凸棒石的正负电荷和数量。此外，凹凸棒石的表面积较小，所以它可吸附的重金属离子受到限制。另外带电性也是这种黏土矿物的一种特性，并且表面电荷在较低的 pH 值情况下，具有阴离子交换能力。所以在实验后期淋出 Pb 浓度有反弹。三种凹凸棒石投加量淋出 Pb 浓度对比如图 7-23 所示。

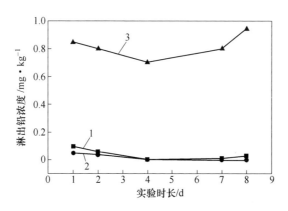

图 7-23　三种凹凸棒石投加量淋出 Pb 浓度对比
1—1 号样品淋出铅浓度；2—2 号样品淋出铅浓度；3—15 号样品淋出铅浓度

从三条曲线的对比中发现曲线的区间范围跨度较大，从而得知，凹凸棒石的添加量对淋出 Pb 浓度的影响较为显著。其中在最高添加量 10.00% 的情况下，淋出 Pb 浓度趋近于零,说明该情况下 Pb 被转化为较为稳定的状态。凹凸棒石上重金属的稳定作用主要取决于它的独特结构和其表面化学性质。因此,在凹凸棒石表面会存在弱位和强位的吸附位。凹凸棒石表面的活性基团在 pH 值较低时被质子化,这种情况下是弱位占据较为重要的作用;pH 值为 7~9 时,重金属离子和凹凸棒石间的表面配合作用加强,吸附率也将升高。

7.3.3 凹凸棒石对不同污染程度农田土壤的处理效果

样品的淋出 Pb 浓度呈现出先减小后增加的情况。在实验第 4 天时最低淋出 Pb 浓度达到 2.50×10^{-3} mg/kg,随后有所回升,到第 8 天时淋出 Pb 浓度达到 0.03mg/kg。当淋出 Pb 浓度先减小后增加时,说明单位质量的凹凸棒石吸附量在前期增加,在后期凹凸棒石上的离子基团逐渐达到饱和时,凹凸棒石对土壤中的重金属离子的稳定作用逐渐降低(见图 7-24)。

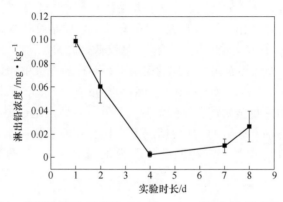

图 7-24 外源培养 Pb 浓度为 300.00mg/kg 时淋出 Pb 浓度变化规律

在农田土壤污染程度较小的情况下,凹凸棒石对土壤中 Pb 的稳定作用效果显著。实验进行第 1 天时,淋出 Pb 浓度为 2.50×10^{-3} mg/kg,随后急剧下降,实验第 4 天原子吸收分光光度计已经检测不出样品中的 Pb。当外源培养 Pb 浓度为 500.00mg/kg 时,在实验前期淋出 Pb 浓度较高,最高达到 0.20mg/kg,随着实验的进行,淋出 Pb 浓度有较大幅度的降低,到实验第 8 天淋出 Pb 浓度为零(见图 7-25 和图 7-26)。

初始浓度较高时,凹凸棒石表面的吸附位点和 Pb 离子的接触概率较大,充分地利用凹凸棒石上的吸附位点,从而呈现高初始浓度时,随着实验进行淋出 Pb 浓度较快下降的情况。凹凸棒石对实验农田土壤中淋出 Pb 的影响随外源培养 Pb 浓度的减小而减小。在外源培养 Pb 浓度为 100.00mg/kg 时,实验第 2 天土样中的 Pb 已被稳定。在针对外源培养 Pb 浓度不同的情况下,凹凸棒石对钝化土壤中 Pb 的作用均是越来越强。凹凸棒石本身有着较大的表面积,随着

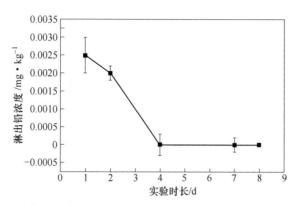

图 7-25 外源培养 Pb 浓度为 100.00mg/kg 时淋出 Pb 浓度变化规律

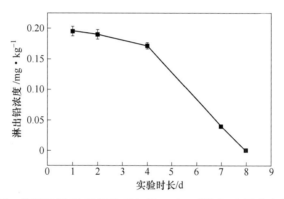

图 7-26 外源培养 Pb 浓度为 500.00mg/kg 时淋出 Pb 浓度变化规律

培养的农田土壤中的重金属离子的增多，使得凹凸棒石表面吸附作用充分地发挥作用。所以呈现出在外源培养 Pb 浓度增大时，淋出 Pb 浓度的下降趋势也随之增大（见图 7-27）。

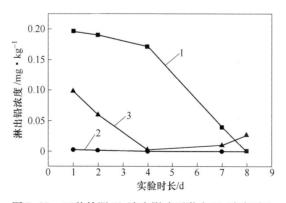

图 7-27 三种外源 Pb 浓度影响下淋出 Pb 浓度对比
1—9 号淋出铅浓度；2—5 淋出铅浓度；3—1 号淋出铅浓度

7.3.4 时长对凹凸棒石处理污染农田效果的影响

在实验刚开始阶段，淋出 Pb 浓度有 0.10mg/kg，数值较高。随着实验的进行淋出 Pb 浓度逐渐降低，稳定在一个范围内波动。在刚开始淋滤实验时，土壤中的水溶态 Pb 离子随着淋滤液流出。从而在初期呈现较高的淋出 Pb 浓度，后续易于迁移转化的 Pb 离子已被淋出，剩下较稳定状态的 Pb 离子，淋出 Pb 浓度趋于平衡（见图 7-28）。

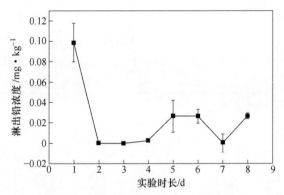

图 7-28　时长对淋出 Pb 浓度变化的影响

在农田土壤中添加的外源 Pb 为 100.00mg/kg 的情况下，混合 2.00% 凹凸棒石与混合 10.00% 凹凸棒石的情况进行比较，当实验进行到第 8 天的时候，淋出 Pb 浓度为 0.00mg/kg。并且发现该地区农田土壤在较低的 Pb 污染情况下，凹凸棒石的添加量增加稳定农田土壤中 Pb 的效果显著（见图 7-29）。

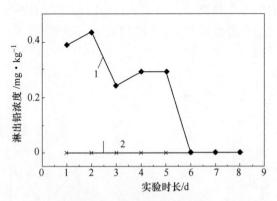

图 7-29　Pb 低浓度下凹凸棒石添加量 2%、10% 对比
1—3 号样品淋出铅浓度；2—14 号样品淋出铅浓度

在外源 Pb 培养浓度为 500.00mg/kg，图 7-30 曲线呈现的状态和外源培养 Pb 浓度为 100.00mg/kg 时相似。在凹凸棒石添加量为 10% 时，稳定效果显著，

实验开始第 2 天测出的淋出 Pb 浓度为 0.00mg/kg。当凹凸棒石添加量为 2% 时,实验刚开始时淋出 Pb 浓度 0.68mg/kg,到实验进行到第 2、第 3 天时,有回升的情况,随着实验的推进,淋出 Pb 浓度逐渐降低,实验后期到第 8 天时也达到零。

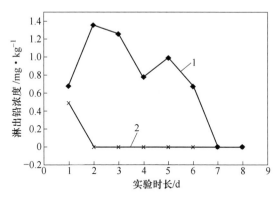

图 7-30 Pb 高浓度下凹凸棒石添加量 2%、10% 对比

1—4 号样品淋出铅浓度;2—17 号样品淋出铅浓度

当凹凸棒石所占百分比达到 2% 的情况下,外源培养 Pb 浓度为 100.00mg/kg 和 500.00mg/kg,在图 7-31 所呈现的曲线波动相似。当凹凸棒石添加量较高(10%)时,实验土壤中 Pb 离子的稳定效果很明显。在两个培养浓度 100.00mg/kg 和 500.00mg/kg 的条件下,均在实验第 2 天时,测量的淋出 Pb 含量接近零。

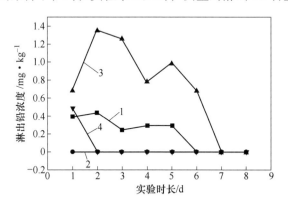

图 7-31 不同 Pb 浓度下凹凸棒石添加量 2%、10% 对比

1—3 号样品淋出铅浓度;2—14 号样品淋出铅浓度;

3—4 号样品淋出铅浓度;4—17 号样品淋出铅浓度

添加凹凸棒石的量增多将影响土壤中 pH 值的变化。凹凸棒石是一种碱性物质,在提高土壤中 pH 值变化的同时它会影响土壤中氢离子的含量,从而促进 Pb 离子的吸附转化,到达稳定农田土壤中重金属 Pb 的效果。

7.3.5 用响应曲面法分析多因素交互情况

在响应曲面法中，选择三个影响因素进行分析，分别为凹凸棒石添加量（2.00%、6.00%、10.00%）、实验时长（4d、8d、12d）和外源培养 Pb 浓度（100.00mg/kg、300.00mg/kg、500.00mg/kg）。综合了实验周期内每个样品的全部淋出液，计算出的淋出 Pb 浓度为响应值。凹凸棒石实验设计及结果见表 7-11。回归方程系数显著性检验见表 7-12。

表 7-11 凹凸棒石实验设计及结果

序号	凹凸棒石比例/%	实验时长/d	培养 Pb 浓度/mg·kg^{-1}	淋出 Pb 浓度/mg·kg^{-1}
1	6.00	8	300.00	0.18
2	10.00	12	300.00	0.05
3	2.00	8	100.00	1.66
4	2.00	8	500.00	5.74
5	6.00	12	100.00	0.01
6	10.00	4	300.00	0.10
7	2.00	4	300.00	2.04
8	6.00	8	300.00	0.18
9	6.00	12	500.00	1.25
10	6.00	8	300.00	0.18
11	6.00	4	100.00	0.03
12	6.00	8	300.00	0.18
13	6.00	8	300.00	0.18
14	10.00	8	100.00	0.0025
15	2.00	12	300.00	8.04
16	6.00	4	500.00	1.48
17	10.00	8	500.00	0.49

表 7-12 回归方程系数显著性检验

方差来源	平方和	自由度	均方	F 值	P 值
Model	74.38	9.00	8.26	9.05	$4.20×10^{-3}$
A-凹凸棒石添加量/mg·kg^{-1}	35.42	1.00	35.42	38.77	$4.00×10^{-4}$

方差来源	平方和	自由度	均方	F 值	P 值
B-时长/d	4.06	1.00	4.06	4.45	0.07
C-培养 Pb 浓度	6.61	1.00	6.61	7.23	0.03
AB	9.16	1.00	9.16	10.02	0.02
AC	3.24	1.00	3.24	3.55	0.10
BC	0.01	1.00	0.01	0.01	0.92
A^2	1.00	14.08	15.41	0.0057	
B^2	1.00	1.27	1.39	0.28	
C^2	1.00	6.47×10^{-3}	7.08×10^{-3}	0.94	

当 P 值<0.05 时，说明这项指标在这次实验中有显著的效果。从表 7-12 回归方程中可以得知，因为凹凸棒石的添加量（A-凹凸棒石添加量）的 P 值为 4.00×10^{-4}，这项指标影响效果显著，凹凸棒石的添加量在本次实验影响因素中起主导地位。而外源 Pb 培养浓度的值为 0.03，说明该项指标也在一定程度上影响着实验结果。另外在双因素的情况下，凹凸棒石与实验土样的固体比和实验时间两种情况同时作用下的影响效果相较于其他因素更为明显。

利用响应曲面法对实验参数进行拟合，以下为自变量建立的回归方程：

$$\alpha = 0.05 - 0.80A + 0.22B + 0.01C - 0.09AB - 1.13 \times 10^{-3}AC -$$
$$6.58 \times 10^{-5}BC + 0.11A^2 + 0.03B^2 - 9.80 \times 10^{-7}C^2$$

式中，α 为淋出 Pb 浓度，mg/kg；A 为凹凸棒石添加量占比，%；B 为实验时长，d；C 为外源培养 Pb 浓度，mg/kg。

当实验时长为 4d 时，响应曲面的 3D 曲面在该阶段发生弯曲，表明凹凸棒石对 Pb 的吸附作用有三个阶段，即快速吸附、慢速吸附和吸附平衡。当凹凸棒石在实验土柱中的占比为 6.00% 时，淋出 Pb 浓度出现最小值。凹凸棒石添加量为 10.00% 时，曲线随着时间的增长而逐渐降低，即 Pb 的淋出量随时间增加逐渐减小。在响应曲面的计算下得出，实验时长和凹凸棒石交互作用下，当实验时长为 12d 且凹凸棒石的添加量为 2% 时，淋出 Pb 浓度最高为 5.74mg/kg；当实验时长为 8d，凹凸棒石占比 10.00% 时，淋出 Pb 浓度为 2.50×10^{-3}mg/kg。土壤与凹凸棒石按一定比例混合时，凹凸棒石的添加量增加，在液相体系中凹凸棒石产生了更多的吸附活性位点，有利于凹凸棒石对重金属离子的吸附和稳定（见图 7-32）。

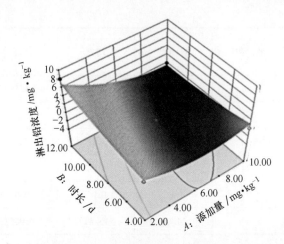

图 7-32 实验时长、凹凸棒石添加量交互作用对淋出 Pb 浓度的影响

在外源 Pb 培养浓度和凹凸棒石添加量双因素的作用下，响应曲面呈现下降的趋势（见图 7-33）。当影响因素外源 Pb 培养含量为 500.00mg/kg，凹凸棒石添加比例为 2.00%，淋出 Pb 浓度出现最大浓度，为 5.74mg/kg，观察数据可以看出当凹凸棒石的添加比例大于 8.00% 时，外源 Pb 培养浓度对实验结果不起作用。在实际治理过程当中，要根据当地的 Pb 污染程度计算凹凸棒石的添加量，以免凹凸棒石添加过多出现浪费的现象。

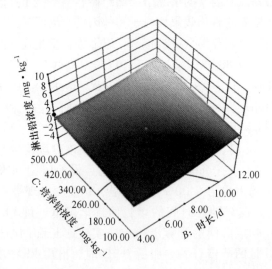

图 7-33 外源 Pb 浓度、凹凸棒石添加量交互作用对淋出 Pb 浓度的影响

在外源培养 Pb 浓度和实验时长的交互影响下，曲线没有较大的起伏，可以得知实验时长与添加的外源 Pb 浓度的交互作用，没有对实验结果造成较大的影

响。由图 7-34 得出在外源 Pb 浓度 500.00mg/kg 实验时长为 12d 时，淋出 Pb 浓度最大值为 1.25mg/kg。当外源 Pb 浓度为 100.00mg/kg，实验时长为 4d 时，出现淋出 Pb 浓度最小值 0.03mg/kg。由图 7-34 呈现的结果可以看出，在治理较轻程度的污染和较重程度的污染时，在治理时间长短上没有明显的区别。凹凸棒石在稳定土壤中重金属离子时，会较早地进入慢性吸附过程，这可能与土壤本身的重金属浓度没有太大的相关性。

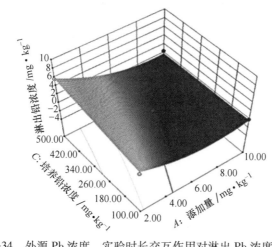

图 7-34　外源 Pb 浓度、实验时长交互作用对淋出 Pb 浓度的影响

8　稀土矿区重金属铅污染特性评价及土壤修复

离子型稀土矿区重金属污染已成为制约稀土可持续开采及当地经济发展的重要因素，重金属进入土壤后会发生一系列的物理化学反应，因此开展重金属污染土壤的治理与修复，需要分析其在土壤中的特性，针对离子型稀土矿区重金属污染，前文以典型重金属 Pb 为代表，研究了在不同环境下的特性规律。本章在 pH 值、水土比等不同环境下评价了稀土矿区重金属 Pb 污染特性，结合赣南离子型稀土矿区土壤的化学结构及区域特征等条件，介绍了目前采用较多的联合修复技术，为稀土矿山重金属污染土壤的治理与修复提供理论基础。

8.1　离子型稀土矿区铅污染特性评价

8.1.1　铅在原矿、尾矿土壤中吸附-解吸特性评价

吸附、解吸过程是土壤的重要特征之一，会对土壤中重金属的形态转化、迁移过程和归趋产生影响，因此研究土壤重金属的吸附解吸在生态环境领域具有重要的意义。在考虑不同重金属离子浓度、反应时间、pH 值、水土比、腐殖酸、温度的情况下，通过评价重金属 Pb 在原矿土、尾矿土上的吸附及解吸特性，来进一步了解重金属在土壤中的迁移规律，为离子型稀土矿区重金属污染土壤修复提供参考。

（1）重金属离子浓度。发现原矿土、尾矿土对 Pb 的吸附量随着重金属离子浓度的增加呈先快速增加，后缓慢增加最后趋于稳定。用 Langmuir、Frundlich、Temkin 方程对吸附等温线拟合可知，Langmuir 方程能更好地拟合原矿土、尾矿土对三种重金属的吸附过程。

（2）反应时间。反应时间对吸附的影响，Pb 在土壤中的吸附都分为快速吸附和慢速吸附两个过程。通过拟合得到的准一级动力学方程 q_e 与准二级动力学方程的 q_e 较接近，同时也非常接近实验所得到的 q_e 值。

（3）pH 值。原矿土、尾矿土壤在不同 pH 值条件下对 Pb 吸附的影响呈现一定的规律性，随着 pH 值的增加吸附量呈现先增加后下降的趋势。在 pH 值为 3 和 pH 值为 5 时，两种土壤对重金属的吸附量分别达到最小值与最大值。

（4）水土比。原矿土、尾矿土壤在水土比为 20∶1 和 200∶1 时取得吸附率的最大值与最小值。按照水土比来比较两种土壤对重金属的吸附率，则吸附率的大小排列顺序为（20∶1）＞（50∶1）＞（100∶1）＞（200∶1）。综合考虑，确定土壤与溶液的最佳比例为 100∶1。

（5）腐殖酸。原矿土和尾矿土在腐殖酸添加含量为 5% 时吸附量达到最大，随着腐殖酸含量的继续增加，土壤对重金属的吸附量逐渐降低。

（6）温度。两种土壤对重金属离子的吸附随着温度的升高，吸附量也随着升高。两种土壤对重金属吸附量的大小为：尾矿土 > 原矿土。

（7）解吸剂。用 HNO_3、EDTA 为解吸剂对 Cu、Pb、Cd 重金属离子进行解吸，其变化趋势基本相同，解吸量与重金属平衡浓度成正比关系。土壤介质中重金属的解吸量大于其吸附量。二次多项式函数描述 HNO_3 解吸重金属是合理的，幂函数适合描述 EDTA 解吸重金属。

8.1.2　铅与多元重金属离子的竞争特性评价

在实际环境中，重金属污染不只是单一重金属的含量超过了环境阈值，而是多种重金属交互存在，相互影响其环境化学行为，多种重金属之间可能存在排斥、协同作用，在重金属污染土壤修复过程中往往需要考虑重金属离子间的竞争特性及相互作用，第 5 章采用振荡平衡法系统探讨了 Pb 在二元、三元重金属混合体系中的竞争特性，评价 Pb 在离子型稀土原矿、尾矿的变化规律。

8.1.2.1　二元重金属体系中铅的变化规律

二元系统中 3 种重金属离子的吸附曲线绝大多数的线型极不规则，随着溶液中重金属离子浓度的增大，重金属之间的竞争吸附效应越显著。在初始浓度比为 1∶1 时，3 种重金属在土壤环境中吸附量的大小顺序为：Pb>Cu>Cd。在 3 种二元竞争系统中，两种土壤中的分配系数 Pb>Cu>Cd，说明 Pb 与土壤颗粒表面间存在着较强的亲和力，在土壤中的吸附滞留能力强。

以 EDTA 为解吸剂对 Pb-Cu、Pb-Cd 两元重金属系统进行研究。随着重金属平衡浓度的增加，解吸量呈增大的趋势。在四种土壤中 Pb-Cu 系统中 Pb 的解吸量大于 Cu；Pb-Cd 系统中，Pb 的解吸量略高于 Cd；重金属固持重金属的能力（土壤对重金属亲和力）可以用重金属解吸时的分配系数 K_{d80} 来描述。四种土壤 $K_{d\sum sp}$ 值大小相比：Pb-Cu > Pb-Cd。

8.1.2.2　三元重金属体系中铅变化规律

原矿土、尾矿土 Pb-Cu-Cd 在三元竞争吸附中联合分配系数分别为 0.041、0.042，初始浓度为 40mg/L 时有利于土壤对 Pb 的吸附，初始浓度为 50mg/L 时有利于土壤对 Cu、Cd 的吸附。

以 EDTA 为解吸剂对 Pb-Cu-Cd 三元重金属系统进行研究。由于重金属离子的浓度越大，其相互之间的竞争越激烈，故土壤环境中重金属离子的解吸量与其浓度成正比关系。四种土壤按 $K_{d\sum sp}$ 值大小相比：尾矿土 > 原矿土。

8.1.3 稀土矿区农田土壤中铅老化活化特性评价

8.1.3.1 铅老化特性评价

水溶态外源重金属进入土壤环境后，短期内（60d）其老化过程主要体现在弱酸提取态向可氧化态的转化。培养初期（10d），弱酸提取态重金属迅速转化为可还原态，随后转化速率逐渐降低，最后趋于平衡。

Elovich 方程对土壤环境中短期内重金属老化过程拟合最佳，说明该过程是非均相分散过程。老化过程主要存在表面聚合沉淀、扩散、有机质包裹等机制，但其主导地位尚不明确。

硫酸铵和钇交互作用下，Pb 的老化程度和钇的含量成正比，随硫酸铵含量的增加先降低后升高；硫酸铵和 Pb 交互作用下，Pb 老化程度随其含量的增加而增加，而铵根离子对其影响不大；钇和 Pb 交互作用下，Pb 老化程度随钇含量增加略微升高。

8.1.3.2 铅活化特性评价

以硫酸铵作活化剂，硫酸铵、钇、铅两两交互作用下，Pb 的活化程度均与硫酸铵的含量成正比，与钇含量成反比，与 Pb 的含量成反比；以酸雨作活化剂，硫酸铵与钇、Pb 交互作用下，在一定含量范围内，Pb 活化程度与硫酸铵的含量成正比，与钇含量成反比，与 Pb 的含量成反比；钇和 Pb 交互作用下，Pb 的活化程度与钇、Pb 均成反比。

8.1.4 淋溶条件下矿区农田土壤中铅析出特性评价

赣南地处酸雨重点区域，在长期酸雨的淋溶条件下会导致重金属析出，在前文第 7 章研究选择了酸雨、浸矿剂作为淋溶条件来进一步了解矿区农田土壤中 Pb 析出特性，通过对 Pb 的析出特性评价为后期矿区重金属污染土壤奠定基础，对该地区选取重金属污染治理方法有着参考意义。

在汛期降雨强度的情况下，Pb 淋出量的变化分为两个阶段，即快速下降和缓慢下降阶段。在枯水期 Pb 淋出量比较稳定，因为在降雨强度较大的汛期前期 Pb 的淋出量较高，从而得知该地区农田 Pb 污染处理着重在汛期前期会有较为明显的效果。综合分析 Pb 的析出特性发现，当 Pb 污染的农田地区同时存在常年强降雨和中度以上酸雨时，雨水对土壤中 Pb 的淋出量影响较大。形态分析发现，在降雨强度模拟枯水期（109.00mL/d）时发现可氧化态 Pb 含量占比最高。另外，各个形态的占比与 pH 值相关，较小的 Pb 污染浓度时，残渣态的占比随 pH 值的减小而减小，较大 Pb 污染浓度时，残渣态的占比随 pH 值的减小而增大。通过 3D 图像对比，发现降雨强度对 Pb 淋出率的影响高于 pH 值的影响。

在采用硫酸铵淋溶时，发现在硫酸铵浓度较低时，会对农田土壤中的铅离子析出有抑制作用。随着硫酸铵溶液浓度逐渐升高，开始对土壤中的铅离子析出起促进作用。随着实验的进行，淋出铅离子浓度逐渐升高，这也表明在硫酸铵溶液进入污染土壤的实验前期，硫酸铵对农田土壤中的铅离子起到钝化作用。因此在稀土开采过程中，低浓度的硫酸铵能够钝化铅离子，所以在不影响稀土开采分离的情况下，可以研究采用低浓度硫酸铵作为浸矿剂。

8.2 稀土矿区重金属污染土壤修复

"土十条"要求："分批实施200个土壤污染治理与修复技术应用试点项目，2020年底前完成"。生态环境部与各省（区、市）人民政府签订的土壤污染防治目标责任书中，明确了有关省份土壤污染治理与修复技术应用试点项目任务量。根据调度情况，约1/4项目实施完成，约3/4项目正在实施中，还有部分项目尚未启动。各地依托试点项目的实施，储备了土壤污染防治技术能力，提升了土壤环境管理与项目实施经验。

8.2.1 修复技术方案选择原则

离子型稀土矿区重金属污染土壤修复技术路线的确定，需要综合考虑矿区现状、开采需求、修复成本以及修复技术成熟度等因素，并需要对不同性质的土壤进行修复实验，确定修复工艺和参数，以达到安全、彻底和高效修复污染场地的目标。在修复技术的筛选方面必须遵循以下原则。

（1）符合矿区具体情况。针对矿区地质和水文地质条件、污染物特性和污染特征以及场地未来规划等因地制宜选择修复技术。

（2）技术成熟可靠。为保证矿区修复顺利完成，设计尽可能采用成熟可靠的修复技术，避免采用处于研究初期的修复技术。

（3）时间合理。为尽快完成重金属污染土壤的修复，实现矿区开采利用价值，降低修复过程中的潜在环境风险，同等条件下需选择时间短的修复技术。

（4）费用合理。结合场地中的污染物特性，选择经济可行的修复技术，既满足修复后的场地利用要求，又尽量降低修复费用。

（5）减少对周边环境影响。做好修复工程实施过程中的各项环境保护措施，如防污染扩散、防二次污染、防臭味等，将修复对周围的影响降到最低。

（6）结果达标。必须满足今后的土地规划标准，确保环境安全及居民健康。

根据上述筛选原则，并结合矿区地水文地质条件、污染物种类及浓度分布、污染暴露途径及污染受体等因素，筛选出4种针对重金属污染土壤修复技术，分别为物理修复、固化/稳定化、土壤淋洗、植物修复、电动力学修复。

8.2.2 修复技术

土壤污染涉及污染物及污染程度差异较大，风险管控和修复涉及技术类别较多。污染地块的修复主要采用原位、原地异位、异位3种修复方式。常用的修复技术包括物理、化学和生物方法，如热脱附、化学氧化/还原、多相抽提等；常用的风险管控技术主要包括阻隔、固化/稳定化等。各试点项目对污染地块风险管控和治理修复进行了大量探索，初步形成了一些适合我国现阶段国情的技术模式。包括"源头治理—途径阻断—制度控制—跟踪监测"的风险管控模式、"合理规划—管控为主—有限修复"的安全利用模式、"原位为主—控制开挖—防控异味"的修复模式等。

8.2.2.1 物理修复

A 工程修复

工程修复是指通过一系列工程技术手段降低土壤中重金属含量，减少土壤中的重金属在生态系统中的毒害作用。目前工程修复应用较多的是客土法及换土法，针对污染较为严重的小范围地区土壤，这种方法能够从根本上解决污染问题，具有稳定、彻底的特点，但成本高，工程量大，同时也可能对土体结构造成破坏，而且受污染土壤的处理也是一个棘手的问题，为防止二次污染需要耗费大量的资金。因此工程修复一般适用于污染严重、污染区域小的地方，针对大范围污染场地则需要应用其他的技术。

B 工程隔离

工程隔离技术主要是在受污染土壤上铺设覆盖层，将受污染土壤与外环境受体隔开，阻断污染物对外环境受体的暴露途径，隔离雨水淋滴土壤造成污染随沉降雨水迁移污染物，将污染土壤封闭在地下，并为污染土壤提供较稳定的覆盖层。工程隔离覆盖层的设计需要考虑多种影响因素，包括污染物类型和浓度、场地大小、区域降雨量及场地未来用地规划。

目前工程隔离技术在国内外广泛使用在垃圾填埋场和大面积低污染土壤，其优点在于：（1）对于低污染土壤或污染物，可避免大面积开挖；（2）经济快速的方式阻隔填埋污染物。同时，该项技术也存在一定的局限性：（1）无法降低污染物的毒性、流动性和体积；（2）需长期维护和监测。

8.2.2.2 土壤化学淋洗法修复

化学淋洗法修复是指通过向受重金属污染土壤中注入表面活性剂、解吸剂或者有助于重金属溶解或者迁移作用的溶剂，在水力冲击或化学作用下将重金属洗脱或解吸出来，是一种处理效果高、成本低的重金属污染土壤修复方法，但存在二次污染风险。

A 原位化学淋洗修复技术

原位化学淋洗修复技术是指不将土壤挖掘，直接通过原地的淋洗液注入及抽出系统，进行土壤淋洗（见图8-1）。该方法需在原地搭建修复设施，包括清洗液投加系统、土壤下层淋出液收集系统和淋出液处理系统；同时，由于污染物在与化学清洗剂相互作用过程中，通过解吸、螯合、溶解或络合等物理化学过程而形成了可迁移态化合物，因此有必要把污染区域封闭起来，通常采用隔离墙等物理屏障。为了节省工程费用，该技术还应包括淋出液再生系统[168]。

原位化学淋洗技术修复污染土壤可以不移动土壤达到治理目标。然而具有一定设计难度，而且对土壤具有一定要求，该技术仅适用于多孔隙、易渗透的土壤。如果设计或现场执行过程中出现失误，容易产生二次污染。

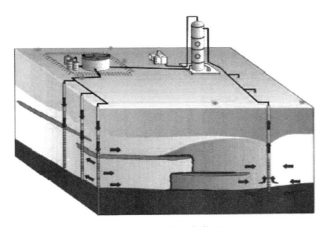

图8-1 原位土壤淋洗

B 异位化学淋洗修复技术

与原位化学淋洗修复技术不同的是，异位化学淋洗修复技术要把污染土壤挖掘出来放在容器中，用溶于水的化学试剂来清洗、去除污染物，再处理含有污染物的废水或废液，然后，洁净的土壤可以回填或运到其他地点（见图8-2）。通常情况下，根据处理土壤的物理状况，先将其分成不同的部分（石块、砂砾、沙、细沙以及黏粒），分开后，再基于二次利用的用途和最终处理需求，清洁到不同的程度。如果大部分污染物被吸附于某一土壤粒级，并且这一粒级只占全部土壤体积的一小部分，那么可以只处理这部分土壤[168]。

在实验室可行性研究的基础上，土壤清洗剂可以依照特定的污染物类型进行选择，大大提高了修复工作的效率。然而通常来看，土壤异位清洗技术更适合沙质土，含有25%～30%或更多黏粒的土壤不建议采用这项技术。利用化学淋洗方法，在一定条件下能去除土壤中部分的重金属元素，但是其去除重金属的效率受土壤性质、淋洗剂和污染物本身性质的制约，应用范围有一定的限制，去除效

图 8-2 异位土壤淋洗

率也难以保证。此外，处理后的清洗液也需要得到处理，所以这种方法存在着处理成本相对较高的缺点。另外，由于投入的药剂仍有一部分会残留在土壤中，同时土壤可能会有必要营养元素及有机质流失的问题，对土壤后续使用的限制较大。

8.2.2.3 植物修复

植物修复是利用在重金属污染土壤上种植植物来进行修复，主要方法包括：植物提取、植物挥发和植物稳定。利用植物对重金属的富集、吸收及根系分泌物降解、固定作用，以达到降低土壤中重金属的目的，该方法绿色、两次污染风险小、易于操作。但该方法存在修复过程缓慢，筛选富集植物困难，在修复过程中要修复区域进行封闭等问题。

（1）植物提取。利用重金属富集能力较强的植物吸收土壤中的重金属污染物，然后被转移、贮存到植物的各枝条部位，之后再收割处理，从而达到去除或降低土壤中重金属污染物的目的。它是目前研究最多且最有发展前途的一种植物修复技术。

（2）植物挥发。利用植物根系分泌的一些特殊物质或微生物将土壤中的重金属污染物吸收到体内后并转化为毒性小的挥发态物质，然后释放到大气中，以此去除污染。

（3）植物稳定。利用植物吸收和植物根际作用转化土壤中重金属污染物为相对无害物质。此过程土壤的重金属污染物含量并不减少，只是发生形态变化，从而达到降低污染的效果（见图 8-3）。

生物修复目前在国内已有一些示范工程，该方法适用于低污染的土壤修复，投资较低。但该技术存在修复时间较长（通常 5 ~ 10 年）、修复效果不明显、后期植物的处理若不当会造成新的污染等问题。

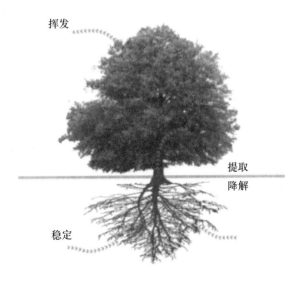

图 8-3 植物修复示意图

挥发

提取

降解

稳定

8.2.2.4 固化/稳定化

重金属固化/稳定化技术作为一项永久性治理重金属的常用技术，自 20 世纪 80 年代以来，已在美国、欧洲、澳大利亚等国家和地区应用多年，也是目前国内较成熟、应用较广泛的重金属污染土壤修复技术。

重金属污染土壤固化/稳定化技术顾名思义是固化和稳定化两部分组成，固化技术是指在物理作用上通过加入固化剂将重金属包裹在渗透性低或不透水的固态材料中；稳定化技术主要是通过施加稳定剂，通过改变重金属形态及有效性，达到降低重金属迁移及生物有效性的目的。目前应用最广的固化/稳定化剂是石灰、生物炭、矿物质等，成本低，易实施，可以应用于大范围重金属污染场地。

固化/稳定化技术可原位和异位实施，常用的工艺是将固化/稳定化药剂与污染介质（土壤）充分混合与养护，通过一系列物理化学反应过程，最终将污染介质中易溶出重金属处理为长期稳定低溶出的形态，甚至固定在原始矿石结构中。其工艺示意图如图 8-4 所示，一般根据修复场地的操作空间、污染物土壤深度以及固化/稳定化药剂类型等来选择采用原位还是异位技术设计工艺流程。

8.2.2.5 电动力学法

电动力学修复是一种新型的环境修复技术，它利用土壤颗粒表面带电特点，以及无机离子、有机分子和微生物细胞的电荷特征，通过微弱直流电场产生各种

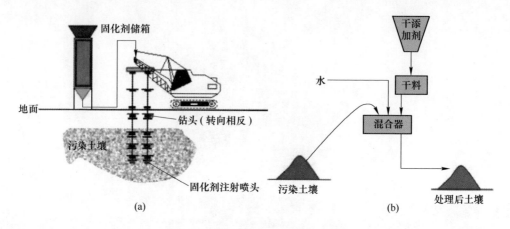

图 8-4 固化/稳定化修复工艺流程

（a）原位固化/稳定化；（b）异位固化/稳定化

电动力学效应，包括电渗析、电迁移、电泳和介电迁移等，使土壤空隙中水分子、无机离子、有机分子和微生物细胞等进行定向运动。通过这种方式，可以将污染物质定向迁移至规定区域，将污染物质从土壤中分离出来；可以为微生物提供营养，提高土壤微生物的降解活性；也可以将污染物质迁移至植物根部，提高植物修复效率[169]。

电动力学过程中最主要的电极反应如下：

阳极反应：　　　　　　$2H_2O - 4e \longrightarrow O_2\uparrow + 4H^+$

阴极反应：　　　　　　$2H_2O + 2e \longrightarrow H_2\uparrow + 2OH^-$

电动力学处理过程中阳极应该选用惰性电极，如石墨、铂、金、银等，在实际应用中多选用高品质的石墨电极，阴极可以用普通的金属电极。电动力学修复技术主要适用于精细的土壤，如黏土等低渗透性的土壤，对于渗透性高、传导性差的砂质土壤，其处理效果较差。电动力学修复技术的后期处理方便，二次污染少，在试验条件下已经取得了很大的进展，但是目前尚没有大规模场地应用的案例，因此，该技术不适用于污染面积大、污染浓度高的多种重金属污染场地[170]。

8.3 技术方案比选

重金属污染土壤修复是一项系统工程，在技术方案比选中应充分考虑技术可行性、治理周期、土地规划用途和处理经济性等多种限制因素。因此，在设计重金属土壤治理方案前应根据上述限制因素筛选基本处理工艺，并结合具体污染状况、技术可行性和工程实施难度明确备选方案，技术方案比选见表 8-1。

表8-1 重金属污染土壤治理技术方案比选

序号	技术名称	技术简介	应用参考因素				应用的局限性	结论
			成熟性	时间条件	资金水平	应用的适应性		
1	物理修复	将污染土壤运入填埋场进行阻隔填埋，填埋场底部和侧壁均有防渗处理，且设有完善的导排导渗设施；或者原位阻隔填埋，在四周修建隔离墙，上层进行防渗处理，以防止污染物向清洁土域扩散	技术成熟/国内有较多工程应用	需要时间较短，如3~12个月	中等	实施过程简单易行，对于各种污染物都有广泛的适用性	工程量较大、成本偏高	不建议采用
2	植物修复	利用在污染场地上种植植物来进行修复。通过植物提取、植物挥发、植物稳定，植物本身对污染物的降解，植物所提供的微生物降解生态环境、根系分泌物对某些污染物的固定等过程对污染区域进行封闭或对人类活动进行限制	技术成熟/国内偶有应用，主要用于农田重金属污染修复	需要长时间，如1~5年，甚至更长	较低	针对目标污染物有针对性对的去选择有针对性的植物，可去除或固定表层土壤中的重金属污染物	由于植物修复所需时间长，无法满足本项目所需时间要求。同时，该技术仅限对表层污染物有一定效果，本项目中深层重金属污染无法去除，而且修复含有高浓度重金属的目标植物如何处理也是难题	不建议采用
3	土壤淋洗	将挖掘出的污染土经过初筛去除表面残留、分散土壤大块后，用水或表面活性剂、螯合剂的水溶液来淋洗受污染土壤，将土壤固相中的重金属转移到土壤液相，进入到溶液中。淋洗后的溶液需要收集起来进行无害化处理，处理后的水可以回用于淋洗	技术成熟/国内仅存在中试案例，未见工程应用报道	需要时间较短，如1~12个月	中等	对于大粒径、低有机碳的沙质土壤，其中的污染物比较容易被淋洗出来	场地土壤以黏土和粉土为主，其中的污染物较难于完全淋洗出来	不建议采用
4	固化稳定化	通过向土壤中加入特殊添加剂（固化稳定化药剂）改变土壤的理化性质，使重金属产生（共）沉淀或吸附来降低其生物有效性。污染土壤固定后，可一次固定土壤中多种污染物质，防止其在环境中进一步迁移、扩散	技术成熟/国内有应用	需要时间较短，如3~9个月	较低	对重金属、难挥发有机物和放射性核素土壤都适用；对有机土壤较为适合，可一次固定土壤中多种污染物质	药剂的选用比较关键，若处置不当会增大处置土壤的体积，且现场地仍存在存在潜在风险；要对处置后土壤的使用性质进行限制，并定期进行监测	建议采用
5	电动力学法	在土壤中插入两个电极，并施加低电压直流电场，在低强度直流电的作用下，土壤中的带电金属粒子在电场内作定向移动，从而使得金属在电场作用下通过电渗析作用向电极室迁移，然后将其在电极处收集，并作进一步的集中处理	技术成熟/国内处于实验室研究阶段，可能有应用	需要时间长，如1~2年，甚至更长	中等到较高	可以处理所有的金属及吸附作用强的有机物污染物。场地污染物浓度水平可以从很低到较高	对含水率有要求，太低不利于处理。处理费用较高，如果控制不当，在电场上会出现与预期结果相反的情况	不建议采用

8.4 技术可行性分析

　　离子型稀土矿区主要以 Pb、Cd 为关注的重金属污染，且污染面积广，通过添加固化/稳定化药剂可以大大降低 Pb、Cu 的迁移能力并减少其对土壤的毒性，在国内外都有成熟的成功修复案例。

　　(1) 有效性。采用固化/稳定化药剂可以有效修复多种介质中的重金属污染，其适用的 pH 值及其宽泛，在环境 pH 值为 2 ~ 13 的范围都可以使用，全球已有许多通过固化/稳定化技术有效实现土壤治理的成功案例。

　　(2) 长期性。修复产生可长期稳定存在的化合物，即使长时间在酸性环境下也不会释放出金属离子，保证污染治理效果长期可靠。固化/稳定化技术在国际重金属修复领域长期持续的应用，印证了其处理污染物后达到无害化的显著效果和工程应用的可靠性。

　　(3) 高效性。与重金属瞬时反应，可短期内大面积修复污染，处理量可达每天数千吨。

　　(4) 实用性。固化/稳定化技术可以原位或异位修复污染，无需特制设备，对各种场地情况都有成熟的项目施工方案。相比土壤淋洗、高温玻璃化、电动力学法等其他重金属污染修复技术，固化/稳定化技术经济实用性更佳。

　　(5) 安全性。稳定剂无毒无害，不造成二次污染。固化/稳定化药剂本身成分不具有重金属或其他危险化学物质。相比于其他处理技术所用药剂，固化/稳定化药剂安全性更好。据相关统计资料，已完成的固化/稳定化处理项目中，尚无因为药剂安全性所产生的环境或安全事故。美国州际技术与法规委员会也定义了相关的固化/稳定化技术的使用安全规范，以确保该技术应用过程中合理规范的药剂应用，而不会产生新的安全与环境问题。

参 考 文 献

［1］ 环境保护部，国土资源部. 全国土壤污染状况调查公报 ［R］. 2014.

［2］ 国务院. 土壤污染防治行动计划 ［Z］. 2016-5-31.

［3］ Kanazawa Y, Kamitani M. Rare earth minerals and resources in the world ［J］. Journal of Alloys & Compounds, 2006, 37 (19): 1339-1343.

［4］ 肖子捷，刘祖文，张念. 离子型稀土采选工艺环境影响分析与控制技术 ［J］. 稀土, 2014 (6): 56-61.

［5］ 吴迪，钱贵霞. 中国稀土产业经济研究现状与发展趋势分析 ［J］. 稀土, 2014, 35 (5): 104-112.

［6］ 池汝安，田君，罗仙平，等. 风化壳淋积型稀土矿的基础研究 ［J］. 有色金属科学与工程, 2012 (4): 1-13.

［7］ 胡世丽，曹小晶，王观石，等. 风化壳淋积型稀土矿浸矿过程的离子交换模型 ［J］. 矿冶工程, 2018 (4): 1-5.

［8］ 刘祖文，朱易春，李新冬，等. 龙南县地表水典型重金属污染调查报告 ［R］. 龙南县环境保护局, 2017.

［9］ Zhang J, Zhao S C, Xu Y, et al. Nitrate stimulates anaerobic microbial arsenite oxidation in paddy soils ［J］. Environmental Science & Technology, 2017, 51 (8): 4377-4386.

［10］ 张军. 离子型稀土矿区重金属污染调查及 Pb 形态转化过程研究 ［D］. 赣州：江西理工大学, 2019.

［11］ 张赛. 冻融作用对我国东北典型农田黑土重金属 Cd 迁移转化的影响 ［D］. 长春：吉林大学, 2014.

［12］ 蔺亚青. 铜、铅、镉在离子型稀土矿区土壤中的吸附—解吸特性研究 ［D］. 赣州：江西理工大学, 2018.

［13］ 胡方洁. 离子型稀土矿周边农田土壤中 Pb 的析出效果和机理研究 ［D］. 赣州：江西理工大学, 2019.

［14］ Tang W L, Zhong H, Xiao L, et al. Inhibitory effects of rice residues amendment on Cd phytoavailability: A matter of Cdorganic matter interactions ［J］. Chemosphere, 2017, 186: 227-234.

［15］ Wang L, Meng J, Li Z, et al. First "charosphere" view towards the transport and transformation of Cd with addition of manure derived biochar ［J］. Environmental Pollution, 2017, 227: 175-182.

［16］ 刘胜洪，张雅君，杨妙贤，等. 稀土尾矿区土壤重金属污染与优势植物累积特征 ［J］. 生态环境学报, 2014 (6): 1042-1045.

［17］ 滕达. 四川省冕宁县牦牛坪稀土尾矿区植物修复研究 ［D］. 成都：成都理工大学, 2009.

［18］ 许亚夫，李银保，陈海花. 定南县废弃稀土矿区土壤中重金属元素 Pb、Cr 和 Cu 的测定 ［J］. 广东微量元素科学, 2012, 19 (10): 10-14.

［19］ 张静，郑春丽，王建英，等. 北方稀土尾矿库周边重金属污染调查 ［J］. 环境科学与技术, 2016 (4): 144-148.

［20］罗海霞，柳伟，陈文清，等．川南某稀土矿区土壤重金属污染现状评价［J］．贵州农业科学，2014，42（1）：145-148.

［21］罗才贵，罗仙平，周娜娜，等．南方废弃稀土矿区生态失衡状况及其成因［J］．中国矿业，2014（10）：65-70.

［22］王友生．稀土开采对红壤生态系统的影响及其废弃地植被恢复机理研究［D］．福州：福建农林大学，2016.

［23］Praveena S M，Ismil S N S，Aris A Z. Health risk assessment of heavy metal exposure in urban soil from Seri Kembangan（Malaysia）［J］. Arabian Journal of Geosciences，2015，8（11）：9753-9761.

［24］李淑敏，李红，孙丹峰，等．北京耕作土壤4种重金属空间分布的网络特征分析［J］．农业工程学报，2012，28（23）：208-215.

［25］周建军，周桔，冯仁国．我国土壤重金属污染现状及治理战略［J］．中国科学院院刊，2014（3）：315-320.

［26］王鹏．北京某公路两侧土壤重金属污染现状及风险评价研究［D］．北京：北京建筑大学，2014.

［27］方至萍，廖敏，张楠，等．施用海泡石对铅、镉在土壤-水稻系统中迁移与再分配的影响［J］．环境科学，2017，38（7）：3028-3035.

［28］陶玲，任珺，祝广华，等．重金属对植物种子萌发的影响研究进展［J］．农业环境科学学报，2007，26（S1）：52-57.

［29］李文誉，李德明．盐碱及重金属对植物生长发育的影响［J］．北方园艺，2010，37（8）：221-224.

［30］张宇虹．重金属铬对植物生长影响的研究进展［J］．科技风，2016（7）：195.

［31］李秀珍，李彬．重金属对植物生长发育及其品质的影响［J］．四川林业科技，2008，29（4）：59-65.

［32］谭珺隽，张昊，刘阳．植物在重金属胁迫下响应机制的研究进展［J］．生物技术世界，2016（4）：14-15.

［33］贾广宁．重金属污染的危害与防治［J］．有色矿冶，2004，20（1）：39-42.

［34］梁奇峰．铬与人体健康［J］．广东微量元素科学，2006，13（2）：67-69.

［35］韦友欢，黄秋婵．铅对人体健康的危害效应及其防治途径［J］．微量元素与健康研究，2008，25（4）：62-64.

［36］李青仁，王月梅．微量元素铜与人体健康［J］．微量元素与健康研究，2007，24（3）：61-63.

［37］李艳艳，熊光仲．汞中毒的毒性机制及临床研究进展［J］．中国急救复苏与灾害医学杂志，2008，3（1）：57-59.

［38］李小飞，陈志彪，陈志强，等．南方稀土采矿地土壤和蔬菜重金属含量及其健康风险评价［J］．水土保持学报，2013（1）：146-151.

［39］代杰瑞，郝兴中，庞绪贵，等．典型土壤环境中重金属元素的形态分布和转化——以山东烟台为例［J］．矿物岩石地球化学通报，2013，32（6）：713-719.

［40］郦逸根，薛生国，吴小勇．重金属在土壤——水稻系统中的迁移转化规律研究［J］．中

国地质，2004，31（S1）：87-92.

[41] Qu L，Xie Y，Lu G，et al. Distribution，fractionation，and contamination assessment of heavy metals in paddy soil related to acid mine drainage [J]. Paddy &Water Environment，2016，19 （2）：1-10.

[42] 周元祥，岳书仓，周涛发. 安徽铜陵杨山冲尾矿库尾砂重金属元素的迁移规律 [J]. 环境科学研究，2010，23（4）：497-503.

[43] 韩张雄，万的军，胡建平，等. 土壤中重金属元素的迁移转化规律及其影响因素 [J]. 矿产综合利用，2017（6）：5-9.

[44] 王斌，甘义群，陈秋菊. 江汉平原仙桃地区土壤重金属分布及影响因素研究 [J]. 安全与环境工程，2018，25（3）：8-14.

[45] 张慧，马鑫鹏，史晓磊. 区域土壤 Cd 和 Cr 空间分布的影响因素研究 [J]. 土壤，2018，50（5）：989-998.

[46] Fernandez-Caliani J C，Barba-Brioso C，et al. Heavy metal pollution in soils around the abandoned mine sites of the iberian pyrite belt [J]. Water，Air，and Soil Pollution，2009，200 （1-4）：211-226.

[47] Ostrowska，Apolonia，et al. The migration of pollutants from the reservoir of coppermining waste [J]. International Workshop on Management of Pollutant Emission from Landfills and Sludge，2008，24（3）：101-106.

[48] 徐晓春，陈芳，王军，等. 铜陵矿山酸性排水及固体废弃物中的重金属元素 [J]. 岩石矿物学杂志，2005，24（6）：591-597.

[49] 彭磊. 西昌冕宁县稀土尾矿的污染现状及其重金属铅的迁移规律研究 [D]. 成都：成都理工大学，2008.

[50] Davari M，Rahnemaie R，Homaee M. Competitive adsorption-desorption reactions of two hazardous heavy metals in contaminated soils. [J]. Environmental Science and Pollution Research，2015，22（17）：1-9.

[51] Puzanov A V，Baboshkina S V，Gorbachev I V. Characteristics of heavy metal migration in the natural-anthropogenic anomalies of the North-Western Altai [J]. Geochemistry International，2012，50（4）：358-366.

[52] 缪鑫，李兆君，龙健，等. 不同类型土壤对汞和砷的吸附解吸特征研究 [J]. 核农学报，2012，26（3）：552-557.

[53] 房莉，余健，张彩峰，等. 不同土地利用方式土壤对铜、镉离子的吸附解吸特征 [J]. 中国生态农业学报，2013，21（10）：1257-1263.

[54] 蔺亚青，刘祖文，胡方洁，等. 离子型稀土矿土壤对铜的吸附解吸特性 [J]. 有色金属科学与工程，2018，9（1）：105-110.

[55] 王静，肖国举，毕江涛，等. pH 对宁夏引黄灌区盐碱化土壤重金属吸附-解吸过程的影响 [J]. 生态环境学报，2017（10）：1782-1787.

[56] 李灵，唐辉，张玉，等. 南方酸性红壤区不同土地利用的土壤对镉（Cd）的吸附与解吸 [J]. 三峡大学学报（自然科学版），2017（39）：104-108.

[57] Arias M，Pérez-Novo C，López E，et al. Competitive adsorption and desorption of copper and

zinc in acid soils [J]. Geoderma, 2006, 133 (3): 151-159.

[58] 郭平, 宋杨, 谢忠雷, 等. 冻融作用对黑土和棕壤中 Pb、Cd 吸附/解吸特征的影响 [J]. 吉林大学学报 (地), 2012, 42 (1): 226-232.

[59] 董长勋, 李恋卿, 王芳, 等. 黄泥土对铜的吸附解吸及其 pH 变化 [J]. 农业环境科学学报, 2007, 26 (2): 521-525.

[60] Mesquita M E, Carranca C, Menino M R. Influence of pH on copper – zinc competitive adsorption by a sandy soil. [J]. Environmental Technology, 2002, 23 (9): 1043-1050.

[61] 王友生, 侯晓龙, 吴鹏飞, 等. 长汀稀土矿废弃地土壤重金属污染特征及其评价 [J]. 安全与环境学报, 2014, 4: 259-262.

[62] 施泽明, 许伟. 牦牛坪稀土矿区河流沉积物重金属形态及潜在危害 [J]. 矿物学报, 2013 (S2): 707-708.

[63] 陈熙, 蔡奇英, 余祥单, 等. 赣南离子型稀土矿山土壤环境因子垂直分布—以龙南矿区为例 [J]. 稀土, 2015, 1: 23-28.

[64] 陈志澄, 赵淑媛, 黄丽彬, 等. 稀土矿山水系中 Pb、Cd、Cu、Zn 的化学形态及其迁移研究 [J]. 中国环境科学, 1994, 3: 220-225.

[65] 任仲宇, 于原晨, 闫振丽, 等. 稀土矿开采过程中重金属铅活化过程分析 [J]. 中国稀土学报, 2016, 2: 252-256.

[66] Lock K, Janssen C R. Influence of aging on metal availability in soils [J]. Reviews of Environmental Contamination & Toxicology, 2003, 178: 1-21.

[67] Mclaughlin M J. Adelaide Research and Scholarship: Ageing of Metals in Soils Changes Bioavailability [R]. International Council on Metals and the Environment, 2001.

[68] Wang Y, Zeng X, Lu Y, et al. Effect of aging on the bioavailability and fractionation of arsenic in soils derived from five parent materials in a red soil region of Southern China [J]. Environmental Pollution, 2015, 207: 79-87.

[69] Ma Y, Enzo L, Nolan A L, et al. Short-term natural attenuation of copper in soils: effects of time, temperature, and soil characteristics. [J]. Environmental Toxicology & Chemistry, 2010, 25 (3): 652-658.

[70] Tang X Y, Zhu Y G, Shan X Q, et al. The ageing effect on the bioaccessibility and fractionation of arsenic in soils from China. [J]. Chemosphere, 2007, 66 (7): 1183-1190.

[71] 徐仁扣, 肖双成, 蒋新, 等. pH 对 Cu (Ⅱ) 和 Pb (Ⅱ) 在可变电荷土壤表面竞争吸附的影响 [J]. 土壤学报, 2006, 43 (5): 871-874.

[72] 郑顺安, 郑向群, 张铁亮, 等. 水分条件对紫色土中铅形态转化的影响 [J]. 环境化学, 2011, 30 (12): 2080-2085.

[73] 宋凤敏, 张兴昌, 葛红光, 等. 黄褐土与水稻田沙土对 Mn (Ⅱ) 和 Ni (Ⅱ) 的吸附 [J]. 水土保持学报, 2017, 31 (1): 265-271.

[74] 徐明岗, 张青, 李菊梅. 不同 pH 下黄棕壤镉的吸附-解吸特征 [J]. 中国土壤与肥料, 2004 (5): 3-5.

[75] 何为红, 李福春, 吴志强, 等. 重金属离子在胡敏酸-高岭石复合体上的吸附 [J]. 岩石矿物学杂志, 2007, 26 (4): 67-73.

［76］ Srivastava P, Singh B, Angove M. Competitive adsorption behavior of heavy metals on kaolinite ［J］. Journal of Colloid & Interface Science, 2005, 290 (1): 28.

［77］ Yueming Li, Kang C L, Chen W W, et al. Thermodynamic Characteristics and Mechanisms of Heavy Metals Adsorbed onto Urban Soil ［J］. Chemical Research in Chinese Universities, 2013, 29 (1): 42-47.

［78］ 荆延德, 赵石萍, 何振立. 土壤中汞的吸附-解吸行为研究进展 ［J］. 土壤通报, 2010 (5): 1270-1274.

［79］ Kalbitz K, Solinger S, Park J H, et al. Controls on the dynamics of dissolved organic matter in soils: a review. ［J］. Soil Science, 2000, 165 (4): 277-304.

［80］ Olu-owolabi B I, Popoola D B, Unuabonah E I. Removal of Cu^{2+} and Cd^{2+} from Aqueous Solution by Bentonite Clay Modified with Binary Mixture of Goethite and Humic Acid ［J］. Water Air & Soil Pollution, 2010, 211 (1-4): 459-474.

［81］ Sarkar B, Naidu R, Megharaj M. Simultaneous Adsorption of Tri- and Hexavalent Chromium by Organoclay Mixtures ［J］. Water Air & Soil Pollution, 2013, 224 (12): 1704.

［82］ Kubilay Ş, Gurkan R, Savran A, et al. Removal of Cu (Ⅱ), Zn (Ⅱ) and Co (Ⅱ) ions from aqueous solutions by adsorption onto natural bentonite ［J］. Adsorption-journal of the International Adsorption Society, 2007, 13 (1): 41-51.

［83］ 王耀晶, 刘鸣达, 陈蕾蕾, 等. 外源硅对不同 pH 水田土壤 Pb 吸附热力学特征的影响 ［J］. 农业环境科学学报, 2012 (9): 1729-1733.

［84］ Bereket G, Aro A Z, Ozel M Z. Removal of Pb (Ⅱ), Cd (Ⅱ), Cu (Ⅱ), and Zn (Ⅱ) from Aqueous Solutions by Adsorption on Bentonite ［J］. Journal of Colloid & Interface Science, 1997, 187 (2): 338-343.

［85］ 王艳, 唐晓武, 刘晶晶, 等. 黄土对锰离子的吸附特性及机理研究 ［J］. 岩土工程学报, 2012, 34 (12): 2292-2298.

［86］ 王艳. 重金属 (Cu、Zn、Cd) 元素在红壤中的吸附动力学研究 ［D］. 长沙: 湖南大学, 2014.

［87］ 曾智浩. 三种土壤-钼吸附/解吸的研究 ［D］. 福州: 福建农林大学, 2015.

［88］ Amacher M C, Selim H M, Iskandar I K. Kinetics of mercuric chloride retention by soils ［J］. Journal of Environmental Quality, 1990: 382-388.

［89］ Bibak A. Competitive sorption of copper, nickel, and zinc by an Oxisol ［J］. Communications in Soil Science & Plant Analysis, 1997, 28 (11-12): 927-937.

［90］ Arias M, Perez -novo c, Lopezo E, et al. Competitive adsorption and desorption of copper and zinc in acid soils ［J］. Geoderma, 2006, 133 (3-4): 151-159.

［91］ Yan W, Zhong W L, Bin H, et al. Kinetics comparison on simultaneous and sequential competitive adsorption of heavy metals inredsoils ［J］. Journal of Central South University, 2015, 22 (4): 1269-1275.

［92］ Cerqueira B, Covelo E F. The influence of soil properties on the individual and competitive sorption and desorption of Cu and Cd ［J］. Geoderma, 2011, 162 (1): 20-26.

［93］ Sparks D L. Elucidating the fundamental chemistry of soils: past and recent achievements and future frontiers [J]. Geoderma, 2001, 100 (3-4)：303-319.

[94] 李振泽. 土对重金属离子的吸附解吸特性及其迁移修复机制研究 [D]. 杭州：浙江大学, 2009.

[95] Naidu R, Bolan N S, Kookana R S, et al. Ionic-strength and pH effects on the sorption of cadmium and the surface charge of soils [J]. European Journal of Soil Science, 1994, 45 (4)：419-429.

[96] 宗良纲, 徐晓炎. 土壤中镉的吸附解吸研究进展 [J]. 生态环境学报, 2003, 12 (3)：331-335.

[97] 高美瑗. 重金属离子在不同锰氧化物/水界面上的吸附行为研究 [D]. 石家庄：河北师范大学, 2006.

[98] 刘佳. 重金属汞在中国两种典型土壤中的吸附解吸特性研究 [D]. 济南：山东大学, 2008.

[99] Limousin G, Gaudet J P, Charlet L, et al. Sorption isotherms：A review on physical bases, modeling and measurement [J]. Applied Geochemistry, 2007, 22 (2)：249-275.

[100] 刘祖文, 张军. 离子型稀土矿区土壤氮化物污染机理 [M]. 北京：冶金工业出版社, 2018.

[101] 徐狮. 离子型稀土矿原地浸矿土壤重金属迁移转化规律研究 [D]. 赣州：江西理工大学, 2017.

[102] 袁芳, 赵小敏, 乐丽红, 等. 江西省表层土壤有机碳库储量估算与空间分布特征 [J]. 生态环境, 2008, 17 (1)：268-272.

[103] 何纪力, 徐光炎, 朱惠民, 等. 江西省土壤环境背景值研究 [M]. 北京：中国环境科学出版社, 2006：1-313.

[104] 张恋, 吴开兴, 陈陵康, 等. 赣南离子吸附型稀土矿床成矿特征概述 [J]. 中国稀土学报, 2015 (1)：10-17.

[105] 林传仙, 郑作平. 风化壳淋积型稀土矿床成矿机理的实验研究 [J]. 地球化学, 1994 (2)：189-198.

[106] 李永绣. 离子吸附型稀土资源与绿色提取 [M]. 北京：化学工业出版社, 2014.

[107] 高效江, 王玉琦, 章申, 等. 赣南亚热带地球化学景观中稀土元素的分布和分异特征 [J]. 应用基础与工程科学学报, 1997 (1)：35-43.

[108] 朱强. 南方离子型稀土原地浸矿土壤氮化物淋溶规律研究 [D]. 赣州：江西理工大学, 2013.

[109] 罗才贵, 罗仙平, 苏佳, 等. 离子型稀土矿山环境问题及其治理方法 [J]. 金属矿山, 2014, 43 (6)：91-96.

[110] 汤洵忠, 李茂楠. 原地浸析采矿方法在离子型稀土矿的应用及其展望 [J]. 湖南有色金属, 1998 (4)：1-5.

[111] Tang J, Qiao J, Xue Q, et al. Leach of the weathering crust elution-deposited rare earth ore for low environmental pollution with a combination of $(NH_4)_2SO_4$, and EDTA [J]. Chemosphere, 2018, 199：160-167.

[112] 郭伟, 孙文惠, 赵仁鑫, 等. 呼和浩特市不同功能区土壤重金属污染特征及评价 [J].

环境科学, 2013, 34 (4): 1561-1567.

[113] 张红桔, 赵科理, 叶正钱, 等. 典型山核桃产区土壤重金属空间异质性及其风险评价 [J]. 环境科学, 2018 (6): 2893-2903.

[114] 刘亚纳, 朱书法, 魏学锋, 等. 河南洛阳市不同功能区土壤重金属污染特征及评价 [J]. 环境科学, 2016, 37 (6): 2322-2328.

[115] 郑晴之, 王楚栋, 王诗涵, 等. 典型小城市土壤重金属空间异质性及其风险评价: 以临安市为例 [J]. 环境科学, 2018 (6): 2875-2883.

[116] 王涵, 高树芳, 陈炎辉, 等. 重金属污染区土壤酶活性变化——以福建龙岩新罗区特钢厂污水灌溉区为例 [J]. 应用生态学报, 2009, 20 (12): 3034-3042.

[117] 宋泽峰, 栾文楼, 崔邢涛, 等. 冀东平原土壤重金属元素的来源分析 [J]. 中国地质, 2010, 37 (5): 1530-1538.

[118] Zitko V. Toxicity and pollution potential of thallium [J]. Science of the Total Environment, 1975, 4 (2): 185-192.

[119] Fu W, Zhao K, Zhang C, et al. Using Moran's I and geostatistics to identify spatial patterns of soil nutrients in two different long-term phosphorus-application plots [J]. Journal of Plant Nutrition & Soil Science, 2011, 174 (5): 785-798.

[120] Amaya Franco-Uría, Cristina López-Mateo, Roca E, et al. Source identification of heavy metals in pastureland by multivariate analysis in NW Spain [J]. Journal of Hazardous Materials, 2009, 165 (1-3): 1008-1015.

[121] 吕建树, 何华春. 江苏海岸带土壤重金属来源解析及空间分布 [J]. 环境科学, 2018 (6): 2853-2863.

[122] Guo G, Wu F, Xie F, et al. Spatial distribution and pollution assessment of heavy metals in urban soils from southwest China [J]. J Environ Sci, 2012, 24 (3): 410-418.

[123] Hasman H, Bjerrum M J, Christiansen L E, et al. The effect of pH and storage on copper speciation and bacterial growth in complex growth media. [J]. Journal of Microbiological Methods, 2009, 78 (1): 20-24.

[124] Kabra K, Chaudhary R, Sawhney R L. Effect of pH on solar photocatalytic reduction and deposition of Cu (II), Ni (II), Pb (II) and Zn (II): Speciation modeling and reaction kinetics [J]. Journal of Hazardous Materials, 2007, 149 (3): 680-685.

[125] Jing Y D, He Z L, Yang X E. Effects of pH, organic acids, and competitive cations on mercury desorption in soils [J]. Chemosphere, 2007, 69 (10): 1662-1669.

[126] Charlatchka R, Cambier P. Influence of Reducing Conditions on Solubility of Trace Metals in Contaminated Soils [J]. Water Air and Soil Pollution, 2000, 118 (1-2): 143-168.

[127] 乔鹏炜, 周小勇, 杨军, 等. 土壤重金属元素迁移模拟方法在矿集区适用性比较 [J]. 地质通报, 2014, 33 (8): 1121-1131.

[128] Hakanson L. An ecological risk index for aquatic pollution control: a sediment ecological approach [J]. Water Research, 1980, 14 (8): 975-1001.

[129] 徐争启, 倪师军, 庹先国, 等. 潜在生态危害指数法评价中重金属毒性系数计算 [J]. 环境科学与技术, 148 (2): 112-115.

［130］任华丽，崔保山，白军红，等. 哈尼梯田湿地核心区水稻土重金属分布与潜在的生态风险［J］. 生态学报，2007，28（4）：1625-1634.

［131］杨秀英. 内源稀土与氨氮对植物酶活性及土壤氮化物形态转化的影响［D］. 赣州：江西理工大学，2019.

［132］鲁如坤. 土壤农业化学分析方法［M］. 北京：中国农业科技出版社，2002.

［133］李仁英，周志高，岳海燕，等. 水溶性有机质对南京城郊菜地土壤 Pb 吸附解吸行为的影响［J］. 农业环境科学学报，2011，30（5）：867-873.

［134］Adhikari T, Singh M V. Sorption characteristics of lead and cadmium in some soils of India ［J］. Geoderma, 2003, 114 (1-2)：81-92.

［135］Hooda P S, Alloway B J. Cadmium and lead sorption behaviour of selected English and Indian soils ［J］. Geoderma, 1998, 84 (S1-3)：121-134.

［136］金姝兰，黄益宗，胡莹，等. 江西典型稀土矿区土壤和农作物中稀土元素含量及其健康风险评价［J］. 环境科学学报，2014，34（12）：3084-3093.

［137］廖红玲，张智勇，谢远玉. 近 48 年赣州市降水量变化特征分析［J］. 江西农业学报，2010，22（10）：97-100，106.

［138］Naidu R, Kookan R S, Sumner M E, et al. Cadmium Sorption and Transport in Variable Charge Soils：A Review ［J］. Journal of Environmental Quality, 1997, 26 (3)：602-617.

［139］黄冠星，王莹，刘景涛，等. 污灌土壤对铅的吸附和解吸特性［J］. 吉林大学学报（地），2012，42（1）：220-225.

［140］Sinegani A A S, Araki H M. The effects of soil properties and temperature on the adsorption isotherms of lead on some temperate and semiarid surface soils of Iran ［J］. Environmental Chemistry Letters, 2010, 8 (2)：129-137.

［141］Arias M, Pereznovo C, Osorio F, et al. Adsorption and desorption of copper and zinc in the surface layer of acid soils ［J］. J Colloid Interface Sci, 2005, 288 (1)：21-29.

［142］Saada A, Breeze D, Crouzet C, et al. Adsorption of arsenic (V) on kaolinite and on kaolinitehumic acid complexes. Role of humic acid nitrogen groups ［J］. Chemosphere, 2003, 51 (8)：757.

［143］Galunin E, Ferreti J, Zapelini I, et al. Cadmium mobility in sediments and soils from a coal mining area on Tibagi River watershed：environmental risk assessment ［J］. Journal of Hazardous Materials, 2014, 265 (2)：280.

［144］Jung K W, Jeong T U, Kang H J, et al. Characteristics of biochar derived from marine macroalgae and fabrication of granular biochar by entrapment in calcium-alginate beads for phosphate removal from aqueous solution ［J］. Bioresource Technology, 2016, 211：108.

［145］Liu N, Charrua A B, Weng C H, et al. Characterization of biochars derived from agriculture wastes and their adsorptive removal of atrazine from aqueous solution：A comparative study ［J］. Bioresource Technology, 2015, 198：55-62.

［146］Kolodynska D, Wnetrzak R, Leahy J J, et al. Kinetic and adsorptive characterization of biochar in metal ions removal ［J］. Chemical Engineering Journal, 2012, 197 (29)：295-305.

［147］Ding W, Dong X, Ime I M, et al. Pyrolytic temperatures impact lead sorption mechanisms by bagasse biochars [J]. Chemosphere, 2014, 105 (4): 68-74.

[148] 胡宁静, 骆永明, 中宋静. 长江三角洲地区典型土壤对镉的吸附及其与有机质、pH 和温度的关系 [J]. 土壤学报, 2007, 47 (3): 437-443.

[149] Hu S, Wu Y, Yi N, et al. Chemical properties of dissolved organic matter derived from sugarcane rind and the impacts on copper adsorption onto red soil [J]. Environmental Science & Pollution Research, 2017 (26): 1-11.

[150] Wang X, Li Y, Mao N, et al. The Adsorption Behavior of Pb^{2+} and Cd^{2+} in the Treated Black Soils with Different Freeze-Thaw Frequencies [J]. Water Air & Soil Pollution, 2017, 228 (5): 193.

[151] Jakomin L M, Marban L, Grondona S, et al. Mobility of Heavy Metals (Pb, Cd, Zn) in the Pampeano and Puelche Aquifers, Argentina: Partition and Retardation Coefficients [J]. Bulletin of Environmental Contamination & Toxicology, 2015, 95 (3): 325.

[152] Braz A M D S, Fernades A R, Ferreira J R, et al. Distribution coefficients of potentially toxic elements in soils from the eastern Amazon [J]. Environmental Science & Pollution Research International, 2013, 20 (10): 7231-7242.

[153] 朱丽珺, 张金池, 胡书燕, 等. Pb^{2+}、Cu^{2+}、Cd^{2+} 在胡敏酸上的吸附和竞争吸附 [J]. 安全与环境学报, 2008, 8 (6): 22-26.

[154] 王哲, 黄国和, 安春江, 等. Cu^{2+}、Cd^{2+}、Zn^{2+} 在高炉水淬渣上的竞争吸附特性 [J]. 化工进展, 2015, 34 (11): 4071-4078.

[155] Sun B, Zhao F J, Lombi E, et al. Leaching of heavy metals from contaminated soils using EDTA [J]. Environmental Pollution, 2001, 113 (2): 111-120.

[156] 王显海, 刘云国, 曾光明, 等. EDTA 溶液修复重金属污染土壤的效果及金属的形态变化特征 [J]. 环境科学, 2006, 27 (5): 1008-1012.

[157] Gleyzes C, Tellier S, Astruc M. Fractionation studies of trace elements in contaminated soils and sediments: a review of sequential extraction procedures [J]. Trends in Analytical Chemistry, 2002, 21 (6): 451-467.

[158] Sparks D L. Environmental soil chemistry. Second edition [M]. San Diego, California: Academic Press, 2003.

[159] Axe L, Trivedi P. Intraparticle surface diffusion of metal contaminants and their attenuation in microporous amorphous Al, Fe, and Mn oxides [J]. Journal of Colloid & Interface Science, 2002, 247 (2): 259-265.

[160] Bourg I C, Bourg A C, Sposito G. Modeling diffusion and adsorption in compacted bentonite: a critical review [J]. Journal of Contaminant Hydrology, 2003, 61 (1): 293-302.

[161] Karmous M S, Rhaiem H B, Naamen S, et al. The interlayer structure and thermal behavior of Cu and Ni montmorillonites [J]. Zeitschrift Für Kristallographie Supplements, 2006, 2006 (23): 431-436.

[162] Hyun S P, Cho Y H, Hahn P S. An electron paramagnetic resonance study of Cu (Ⅱ) sorbed on quartz [J]. Applied Clay Science, 2005, 30 (2): 69-78.

[163] 陶权, 姚景, 何树福, 等. 不同降雨强度下污染土重金属元素随径流迁移转化特征

　　　　　 [J]. 水土保持学报, 2015, 29 (2): 65-68.

[164] Teutsch N . The influence of rainfall on metal concentration and behavior in the soil [J]. Geochimica et Cosmochimica Acta, 1999, 63 (21): 3499-3511.

[165] 胡方洁, 刘祖文, 张军, 等. 模拟酸雨对稀土矿区铅污染农田的淋滤效应 [J]. 水土保持通报, 2019, 39 (3): 170-174.

[166] 孙磊, 郝秀珍, 周东美, 等. 不同氮肥对污染土壤玉米生长和重金属 Cu、Cd 吸收的影响 [J]. 玉米科学, 2014, 22 (3): 137-141, 147.

[167] 傅成诚, 周亮, 梅凡民. 埼土中外源重金属 Pb、Zn、Cd 形态分布随时间变化的规律 [J]. 土壤与作物, 2012, 1 (4): 199-204.

[168] 于颖, 周启星. 污染土壤化学修复技术研究与进展 [J]. 环境污染治理技术与设备, 2005, 6 (7): 1-7.

[169] 罗启仕, 张锡辉, 王慧, 等. 非均匀电动力学修复技术对土壤性质的影响 [J]. 环境工程学报, 2004, 5 (4): 40-45.

[170] 金春姬, 李鸿江, 贾永刚, 等. 电动力学法修复土壤环境重金属污染的研究进展 [J]. 环境污染与防治, 2004, 26 (5): 341-344.